走近新科学

自然资源

主　编：李方正
撰　稿：孙文举　贺显碧
　　　　江宗明

吉林出版集团股份有限公司
全国百佳图书出版单位

图书在版编目(CIP)数据

自然资源 / 李方正主编. -- 2版. -- 长春：吉林出版集团股份有限公司, 2011.7 (2024.4 重印)
ISBN 978-7-5463-5743-0

Ⅰ.①自… Ⅱ.①李… Ⅲ.①自然资源-青年读物②自然资源-少年读物 Ⅳ.①X37-49

中国版本图书馆 CIP 数据核字(2011)第 136913 号

自然资源 Ziran Ziyuan

主　　编	李方正
策　　划	曹　恒
责任编辑	李柏萱
出版发行	吉林出版集团股份有限公司
印　　刷	三河市金兆印刷装订有限公司
版　　次	2011 年 12 月第 2 版
印　　次	2024 年 4 月第 7 次印刷
开　　本	889mm×1230mm 1/16　印张 9.5　字数 100 千
书　　号	ISBN 978-7-5463-5743-0　　定价 45.00 元
公司地址	吉林省长春市福祉大路 5788 号　邮编 130000
电　　话	0431-81629968
电子邮箱	11915286@qq.com

版权所有　翻印必究
如有印装质量问题，可寄本公司退换

编者的话

科学是没有止境的,学习科学知识的道路更是没有止境的。作为出版者,把精美的精神食粮奉献给广大读者是我们的责任与义务。

吉林出版集团股份有限公司推出的这套《走进新科学》丛书,共十二本,内容广泛。包括宇宙、航天、地球、海洋、生命、生物工程、交通、能源、自然资源、环境、电子、计算机等多个学科。该丛书是由各个学科的专家、学者和科普作家合力编撰的,他们在总结前人经验的基础上,对各学科知识进行了严格的、系统的分类,再从数以千万计的资料中选择新的、科学的、准确的诠释,用简明易懂、生动有趣的语言表述出来,并配上读者喜闻乐见的卡通漫画,从一个全新的角度解读,使读者从中体会到获得知识的乐趣。

人类在不断地进步,科学在迅猛地发展,未来的社会更是一个知识的社会。一个自主自强的民族是和先进的科学技术分不开的,在读者中普及科学知识,并把它运用到实践中去,以我们不懈的努力造就一批杰出的科技人才,奉献于国家、奉献于社会,这是我们追求的目标,也是我们努力工作的动力。

在此感谢参与编撰这套丛书的专家、学者和科普作家。同时,希望更多的专家、学者、科普作家和广大读者对此套丛书提出宝贵的意见,以便再版时加以修改。

目 录

自然资源/2
自然资源的种类/3
资源有限性/4
自然资源功能多/5
自然资源的联系/6
资源问题/7
空气与人的生命/8
空气是重要资源/9
大气层/10
大气与太阳辐射/11
大气的保温作用/12
气候资源/13
气候资源的特征/14
气候资源与生态/15
气候与工业、交通/16
气候与农业/17
生物资源/18
生物资源的特性/19
森林资源/20
中国的森林类型/21
中国森林覆盖率/22
森林是"绿色宝库"/23
森林是调节器/24
森林能净化空气/25

森林能保持水土/26
森林能防风固沙/27
森林与国防/28
森林是旅游资源/29
世界森林资源/30
森林是聚宝盆/31
草地是生态资源/32
中国的草地资源/33
中国的草地类型多/34
中国草地的退化/35
开发生物资源/36
中国的生物资源/37
蕴藏丰富的煤矿/38
煤是工业的粮食/39
中国的煤炭资源/40
煤灰也是资源/41
石油是工业的血液/42
世界的石油资源/43
中国石油前景好/44
油田的形成/45
中东盛产石油/46
天然气储量丰富/47
天然气时代/48
固体石油/49

太阳的光和热/50
直接利用太阳能/51
地热也是资源/52
海洋能/53
中国的海洋能/54
沼气是清洁能源/55
风也是能源/56
中国的风能开发/57
台风的功与过/58
优先发展水电/59
中国的水能资源/60
核燃料铀/61
火山资源/62
土壤能够自净/63
土壤资源/64
垃圾可做农肥/65
植物是空调器/66
污泥也是能源/67
二氧化碳用处多/68
土地、国土、土壤/69
土地资源/70
世界土地资源/71
世界耕地在减少/72
世界处女地/73

水和水资源/74
水资源的类型/75
水资源的有限性/76
水资源的分布/77
地球上的淡水/78
水是人体营养素/79
喝纯净水不好/80
生水是补钙品/81
向冰山索取淡水/82
雪水更宝贵/83
水也会衰老/84
瑞雪兆丰年/85
水温的类型/86
淡水和咸水/87
鲜为人知的水/88
使用硬水害处多/89
矿泉水/90
医疗矿泉水/91
饮料矿泉水/92
河流与人类/93
湖泊的水利资源/94
湖泊的生物资源/95
冰川是淡水水源/96

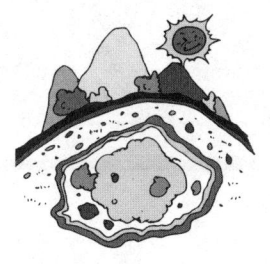

中国的温泉/97
海洋工程/98
海洋与人类/99
海洋生物很多/100
建设海洋牧场/101
海水灌溉农作物/102
海洋农场/103
海底石油多/104
海底锰结核/105
海盐的生产/106
海水可变成淡水/107
海洋盛产珍珠/108
滩涂也是资源/109
海洋是空间资源/110
海藻可做肥料/111
世界蛋白质仓库/112
南极的物产资源/113
"冷"的用途/114
"第二石器时代"/115
沸石功能多/116
食盐的种类/117
泥土可代粮食/118
泥炭肥效好/119

矿物饲料/120
泥炭与食品工业/121
矿物是药物资源/122
稀土已进入生活/123
山是旅游资源/124
飞瀑名胜/125
瀑布是旅游资源/126
崇高的瀑布文化/127
植物是净化器/128
洞穴是科学宫/129
泉水的观赏价值/130
矿产资源/131
有色金属/132
稀有金属/133
火山资源/134
晶莹璀璨的珍珠/135
珍珠颜色会变黄/136
钻石是无价之宝/137
大理石/138
"工业之母"的硫酸/139
宝石和玉石/140
贵重的黄金/141

自然资源

资源是可供人类使用的自然物。资源与人类的生产活动密切相关，只有当自然界物质被人类用到生产活动中去时，才能被称为资源。可见，资源虽是自然界物质的一部分，但它只有为人类的生存与发展所必需，与人类的生产活动相联系时，它才对我们人类有着重要的意义。

人们对自然资源的认识有狭义和广义两种表述方法。狭义的自然资源是指在目前技术条件下能够提取的，可以产生价值和具有使用价值的自然物质和能量。那些暂时不能提取，或者不知其用途的自然物不能算作自然资源。广义的自然资源则是包括一切广泛存在于自然界的，具有现实和潜在使用价值的自然物质和自然能量。1972年，联合国环境规划署指出："所有自然资源，是指在一定的时间条件下，能够产生经济价值，提高人类当前和未来福利的自然因素的总称。"这样说来，维持人体新陈代谢的空气和水分，地壳中广泛存在着的，现在还无法提取利用的各种矿物，都应属于自然资源的范畴。例如铜矿石，1980年的经济品位为0.4%，也就是说，品位大于0.4%的铜矿，具有开采利用价值，才能算铜矿资源。但从广义的自然资源来说，品位略低于0.4%的铜矿化带，也应算作铜矿资源，因为随着采、选、冶技术的提高，将来铜矿的经济品位也会不断下降。

自然资源的种类

在人类生存环境中,存在着丰富的自然资源,有人类栖息的土地资源、珍贵的水资源、变幻莫测的气候资源、种类繁多的矿产资源、富饶的海洋资源、风景秀丽的旅游资源、"绿色宝库"之称的森林资源、一望无际的草场资源,富有生机的动植物资源等。科学家按照上述自然资源的不同属性,对它们作了如下的分类:

按照自然资源的生命性,分为有机资源(又称生物资源)和无机资源(又称非生物资源)两类。有机资源有动物和植物;无机资源包括大气、水、土地、土壤、矿物燃料、金属和非金属矿产、建筑石材等等。

按照自然资源特性、社会生产、生活关系,将自然资源分为土地资源、水资源、气候资源、海洋资源、矿产资源、能源资源、生物资源、旅游资源等。

按照自然资源的有限性,分为有限资源和永续利用资源两种类型。永续利用资源又称非耗竭资源,主要指空气、水和太阳能,此外其余均为有限资源或可耗竭资源。

按照自然资源的可再生性划分,分为不可再生性资源:如矿产、核能;可再生性资源:如生物资源。

资源有限性

自然资源在一定时间和空间内,可供人类开发利用的数量是有限度的。这是所有自然资源的共性。无论是不可再生的矿物资源,或者是可再生的风、水、太阳能、生物资源,它们在一定时间和空间内,可为人类开发利用的数量都是有一定限度的。

矿产资源由于是不可再生的,其有限性表现最为明显。例如金属矿产、非金属矿产、能源矿产等矿物资源,它们是在几十万年、几百万年,甚至几亿年前的地质时代的产物,用一点少一点,而且终有枯竭的一天。

像森林、野生动物,这些资源虽然可以再生,即可以得到补充,但是,由于在一定时间和一定范围内再生能力是有限的。因此,可供人类开发利用的数量也必然是有限的。

在当今世界上,随着人口的剧增,再加上对物质消耗的增加,自然资源的有限性就日益明显地表现出来,并给人类的生存和繁荣带来一定的威胁。目前,世界人口已超过58亿,每年还以2%的速度不断增长。人类不仅消耗现有的生物资源,而且也消耗过去地质年代中生态系统贮存的能量,后者甚至占人类消耗能量的90%以上。因此,人类必须科学合理地利用有限的资源,开发与保护相结合,使其长期永续地为人类造福。

自然资源功能多

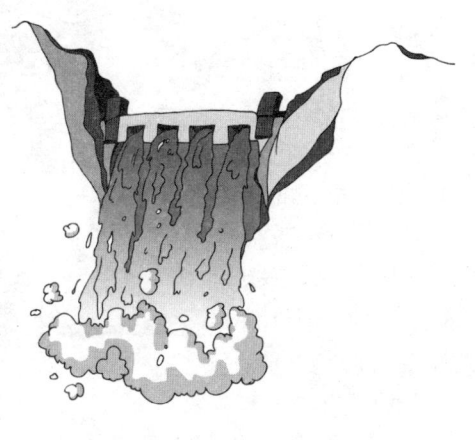

大部分资源,都有多种功能和多种用途。例如,一条河流对于能源部门来说,它能提供电力,即水力发电;对于农业部门来说,它可以是一条经济的灌溉系统,即引水灌田;对于交通部门来说,又可能是一条方便的运输干线,即水上运输;对于工厂等工业部门来说,既是工业用水、冷却用水,又是一条排废的渠道;对于旅游者来说,还蕴藏有绚丽的风景名胜;同时修建水库还可以调节气候等。由此可见河流的功能众多,如果让河水白白流入大海,不去开发利用这一天然资源,岂不是浪费了这一可观的资源吗?

同样,一片森林,它的用途也是多种多样。森林既可以提供原料,即木材,又可以保护环境,还是各种鸟兽的生息之地,它既提供给鸟兽各类食品,又是鸟兽的栖息、繁殖的场所,同时还可以提供多种形式的货币收益,与其他资源一起,还能为旅游提供必要的场地。

但是,并不是所有这些潜在的用途都具有同等重要的地位,而且都能充分表现出来。因此,在规划时需要全面权衡,特别是面对那些综合资源系统,利用时必须从经济效益、生态效益、社会效益等多方面综合考虑,从而制订出最优方案开发利用。

自然资源的联系

自然资源是自然环境中的重要组成部分。各种自然资源与自然环境有着相互联系、相互制约的关系。而许多自然资源之间,彼此又紧密联系,相互作用,相互制约,相互渗透,构成一个整体。

例如,在低纬度地区、赤道两侧,终年高温、雨量丰富,在有充足的气候资源和水资源等自然环境下,就形成了热带雨林,相应地产生了热带土壤资源、热带动植物资源及旅游资源。从资源生态系统的动态变化看,如果一种资源发生变化,就会影响整体变化。当森林资源大面积破坏以后,会减弱"绿色水库"的蓄水防洪能力,会改变水资源的时空分配,会加重土地资源的洪涝灾害,会引起生物资源的变化,以至改变整个自然资源系统。如中国大兴安岭的森林资源,由于过度采伐,引起呼伦贝尔草原降水减少,草场退化,从而导致草场载畜量的下降,雨季又会形成巨大的洪涝灾害,这是自然资源内部互相联系的一个例证。人类在开发利用自然资源过程中,对自然环境必然会有所影响,所以,人们把由人——资源——环境之间构成的相互联系的网络系统称为资源生态系统。

资源问题

资源问题已日益成为人们普遍关注的问题之一。它与人口爆炸、环境恶化、生态失衡一起,被看成是21世纪困扰全球的四大危机,成为当今世界各国舆论普遍重视和报道的焦点。

在农业文明时代,由于人口增长缓慢,生产技术不发达,人类利用自然资源的能力很有限,因而地球上的自然资源完全能够满足人们生存和发展的需要。这时,人与资源的关系是协调的、适应的。

到了工业文明的时代,科学技术的进步,工业化和城市化的发展,随之带来了前所未有的经济增长和消费水平的提高,从而使人类对资源的需求和消耗大幅度增加。这时,人类需求与资源供给的矛盾逐渐突出。

进入20世纪以来,特别是第二次世界大战以来,人类对自然资源的消耗更是成倍增长。1901~1980年的80年间,全世界采出的矿物原料价值增长了10倍,其中后20年为前60年的1.6倍。由于人类对自然资源不加节制地使用,有些近于掠夺的方式,致使资源短缺和资源枯竭的现象终于发生了。资源危机的警钟已经敲响。20世纪70年代末至80年代初,两次全球性的能源危机就是最明显的例证。

其实,资源作为全球问题的存在,并不是孤立的,它同人口、环境、经济、社会等问题紧密相连。

空气与人的生命

　　人生活在空气的海洋中,每时每刻都离不开空气,因此说空气是人生存不可缺少的物质。生物学家告诉我们,一个成年人每天呼吸2万次左右,吸入10~12立方米的空气,约有13千克重。这个数字相当于一天所需食物和饮水的5~10倍。有人做过试验,一个人在5周内不吃饭、5天内不喝水,还可以维持生命,但如果5分钟不呼吸空气,就会窒息死亡。由此可见,空气对于人的生存是何等重要。

　　人吸入空气,主要是人体对空气中氧的需求,因为大气层(空气)中含有近21%的氧气。空气通过鼻、咽喉、气管、支气管进入肺泡,经物理扩散进行气体交换。交换过程是当血液通过肺泡的毛细血管时,把二氧化碳丢弃在肺泡内,并在此吸收氧气,即血液中的血红蛋白与氧气结合,然后由血液输送到全身各组织和细胞,参与各种生化反应和代谢过程。同时人体内的细胞又将二氧化碳送入血液中,由血液再输送到肺内进行交换,将二氧化碳排出体外,这就是通常人们所说的"吐故纳新"。

　　其实,在自然界中,不仅人需要氧气,其他动物同样需要氧气,水中缺氧鱼类就会死亡,鸟兽需要氧的情况同人类需氧是一个道理。不仅如此,植物呼吸和正常生理反应也需要氧,而如果没有第一性生产者植物,也就没有人类了。

空气是重要资源

在空气的组成中,氮占了78%,氮的有机化合物是蛋白质的组成物质,而蛋白质又是生命的基础物质。同时,生命活动中的重要物质酶类、激素类等,也是含氮有机物。氮占人体重量的3%,可以说没有氮就没有生命。无论是地壳中的氮,动植物体中的氮,还是水、土壤中的氮,最初都来自空气中的氮。因此可以说,空气是一个大"氮库",是"氮资源"的宝库。

空气中含氮很多,为78.09%,但不能被大多数生物直接利用。氮分子必须经过生物固氮(根瘤菌等固氮)或人工固氮(合成氨等),通过植物吸收转化为有机氮,最终被其他动物和人所利用,形成人体中的蛋白质。可以看出,氮既是生命必需的基础物质,又是工农业生产的原料。我们再来看看空气中那20%多的氧的其他作用,氧不仅仅供人类、动植物呼吸所需,而且在人类生活和生产中也是必不可少的、重要的"消费品"。例如生活中做饭、取暖,所用燃料的燃烧,需要空气中的氧气,每燃烧一吨煤约需12吨空气。工业生产、交通运输事业中的化石燃料(煤、石油、天然气)的燃烧、一些化学反应、化工合成、风力设备等离不开空气或空气中的氧气。

大 气 层

地球被厚厚的一层大气包裹着，从地表到地表以上 1000~1400 千米间，都充满着空气，但随着高度的增加，空气越是稀薄，最后逐渐消失，过渡到宇宙空间。由于距地面不同的高度上的大气成分不同，物理条件不同，将大气圈分为 5 层。

对流层：是大气圈的最低层，厚度为 10 多千米，质量约占大气圈的 70%~75%，大气中的水汽几乎全集中在这里。对流层的主要成分是氮、氧、二氧化碳和水蒸气。由于该层中温度和密度在水平方向和垂直方向上都有不同，便产生了大气的对流和水平运动而形成风。对流层内含有大量蒸汽，因此常呈云、雾、雨、雪、雷状态出现。由此可知，对流层与人类关系最密切，意义最大。

平流层：在对流层以上，直到 80 千米高空，空气稀薄，水汽尘埃极少，气流平稳，万里晴空，空气只水平方向流动，所以叫平流层。此层含有臭氧，约在 40 千米高度臭氧含量最大。臭氧具有吸收紫外光的能力，可以阻止紫外线大量向地表射来，从而成为人类的"保护伞"。

电离层：在 80~500 千米的高空，空气十分稀薄。在紫外线和宇宙射线作用下，全部物质电离化，故称电离层，由此层的反射，才使无线电波得以传向全球。

扩散层：位于 500 千米以上的高空。

磁层：位于 600~1000 千米以上的高空。

大气与太阳辐射

地球上空的大气厚达上千千米，像一层厚厚的气毯，包裹在地球最外面，太阳辐射要穿过厚厚的大气层，才能到达地球表面。太阳辐射在经过大气层时，其中一小部分被大气吸收。大气对太阳辐射的吸收具有选择性，平流层大气中的臭氧，强烈地吸收太阳辐射中波长较短的紫外线。

对流层大气中的水汽和二氧化碳等，主要吸收太阳辐射中波长较长的红外线。大气对太阳辐射中能量最强的可见光却吸收得很少，大部分可见光能够透过大气射到地面上来。因此，大气直接吸收太阳辐射能量还是很少的。

对流层中的云层和尘埃，具有反光镜的作用，把投射在其上的太阳辐射的一部分，又反射回宇宙空间。云层越厚、云量越多，反射越强。夏季天空多云时，白天的气温不会太高，就是这个道理。

当太阳辐射在大气中遇到空气分子或微小尘埃时，太阳辐射的一部分能量便以这些质点为中心，向四面八方散射开来。散射可以改变太阳辐射的方向，使一部分太阳辐射不能到达地面。在太阳辐射的可见光中，波长较短的蓝色光最容易被散射，所以晴朗的天空呈现蔚蓝色。

大气的保温作用

人们常说,阳光和大气都是全球共同的资源,这种评价是很确切的。如果没有大气层的保温作用,太阳辐射到地球上的热能,很快散失,白天犹如火炉烘烤,夜晚就像冰窖一般寒冷,这样地球就不会有生命繁衍了。

地面吸收太阳辐射,温度增高,同时地面又把热量向外辐射。由于地球表面的温度比太阳低得多,因此地面辐射的波长比太阳辐射要长得多,其能量主要集中在红外线部分。相对于太阳辐射来说,人们把地面辐射叫长波辐射。

地球大气具有温室一样的保温作用。对流层大气中的水汽和二氧化碳,对太阳短波辐射的吸收能力很差,也就是说,对太阳辐射几乎是透明的;但对地面长波辐射的吸收能力却很强。据观测,地面辐射的75%~95%都被贴近地面的大气所吸收,使近地面大气增温。近地面大气又以辐射、对流等方式,把热量传递给高一层大气,这样一层一层地向上传递,从而使地面放出的热量绝大部分都保存在大气中。

大气在增温的同时,也向外辐射热量。大气辐射的一部分向上射向宇宙空间,大部分向下射到地面。射向地面的大气辐射,方向刚好与地面辐射相反,称为大气逆辐射。这样又把热量还给地面,在一定程度上补偿了地面辐射损失的热量,起到了保温作用,使地面温度变化比较缓和。

气候资源

我们理解的"气候",包括春、夏、秋、冬、冷、热、干、湿等气候条件。实际上,气候条件和气候资源虽然有着密切联系,但又是两个截然不同的概念。气候条件,是指人类生产和人类生活中依赖的气候系统。例如,大气中的臭氧层阻挡大部分紫外线,成为保护地球上一切生命的屏障,它仅仅作为气候条件对人类起着保护作用,并没有作为资源而进入人类的生产过程。

气候资源是在人类科技进步的情况下,将气候条件中的许多物质和能量转化,使之逐步进入生产过程,成为可供人类利用的资源。例如,空气中的氮,是在人类掌握分离、加工技术后,才成为一种气候资源的。

气候资源是地球上人类生存和发展的必备条件。在现代科学技术条件下,气候资源作为劳动对象进入社会生产过程,成为人类生存和工农业生产必需的物质和能量。人类利用气候资源,通过劳动转化为人类需要的生产和生活的物质。由此可知,气候资源是可供利用的气候系统中的物质与能量,它在一定条件下能够产生经济价值,用来提高人类当前和未来的物质生活水平。在当前的科学技术条件下,气候资源仍然是决定农业管理、产量和质量的重要因素之一。因此,农业生产中土地利用、作物布局、水利排灌、品种改良等,都要考虑气候资源。

气候资源的特征

气候资源受太阳辐射的影响和制约,使得地球表面上不同纬度的地方分布不均,一年四季有差异,甚至一天之内也有不同。气候资源伴随着太阳辐射永恒而存在,所以是取之不尽,用之不竭的,具有无限循环性,属于再生性资源。暑往寒来,昼夜交替,气候中的光热资源也随着季节、昼夜出现周期性和季节性。例如,我国东部季风区,夏季高温多雨,冬季寒冷干燥,年复一年,重复轮回。这种周期性变化的特点,也使得农业生产具有明显的季节性规律。在一个大的区域范围内,气候资源与土地资源、生物资源等存在着密切的相互依存关系,气候资源也只能通过土地资源和生物资源才能发挥其生产力的作用。没有较高质量的土地资源,或者缺乏优良的作物品种,气候资源的生产潜力也就很难得到有效而充分的发挥。

气候资源具有整体性。例如,降水量少的地区,太阳辐射就强,在辐射强的季节里温度就比较高。在不同年际之间,降水量多的时期比降水量少的同期温度偏低。在气候资源系统内部,每一个子系统(如温度、水量、风等)都有独特的功能,对生物来说,它们是不可替代的。

气候资源与生态

　　空气资源是气候资源中的一部分，包括春夏秋冬、冷热干湿等气候条件。空气也可说成大气，是生态系统中非常重要的组成部分，空气质量的好坏，气候环境的优劣，直接影响生态环境。

　　过去人们一直在利用气候资源，可是并没有注意到气候资源在人类生态系统中的功能。近年来环境污染问题日趋严重，通过对环境污染问题的研究，人们开始逐渐认识到气候资源也是一种生态资源。当人们来到人烟稀少的农村，特别是来到树木参天的大森林，呼吸着这里的新鲜空气，顿觉精神焕发，这时，这里的新鲜空气就是无价之宝。

　　当今的大城市，空气污染十分严重，城市人都盼望着能够呼吸到新鲜空气，于是在一些大城市内竟出现了出售新鲜空气的"怪事"。这些事实无不说明，必须珍惜和保护气候资源。空气的污染，大气尘埃量和二氧化碳浓度的增加，将会降低气候资源在人类生态系统中的生态资源功能。

　　我们知道，地球上的动植物随着气候条件的不同而具有分带性，地球上有5个气候条件不同的带，即热带、南温带、北温带、南寒带、北寒带，而适应每个气候带生长的植物和生存的动物各不相同，各有特色，显示出了不同的生态环境。也说明了气候资源在生态系统中的生态资源功能。此外，气候具有旅游资源功能，例如北方冬季的冰雪旅游，西双版纳的热带雨林旅游等。

气候与工业、交通

气候资源在工业生产中有直接和间接两种功能。

首先,在工业生产中直接应用气候资源。例如,工业生产中消耗的氧气,是来自空气当中的。某些工业原料如氢、氮等,也大部分来自于空气。目前,太阳能的利用日益广泛,并逐步得到推广。因此,气候资源及其质量的高低,还直接影响气候资源的经济价值。气候资源的质量对一些精密工业和具有特殊工艺要求的工厂,也有一定的限制作用。

其次,气候资源对工业生产具有间接影响。例如,工业生产过程中的用水,大部分是由降水形式补给河流、湖泊,或储存在地下,经抽取再送往工厂,供给生产使用。水量的多少,往往限制着工厂生产能否顺利进行,水质的好坏,更涉及产品质量的优劣或生产成本的高低。

在交通运输方面,由于气候资源的季节性变化,制约着降水的多少与温度的高低,河湖水量往往呈现出周期性的变化,直接影响到航运、灌溉、养殖等多方面的生活活动。海洋航运和内河运输,更与气候资源有着密切的联系,疾风暴雨、惊涛骇浪,带来严重的生命与经济上的损失。灾害性的洪水、深而厚的积雪,常常阻断陆地上的交通,冲毁或者堵塞往来车辆,恶劣的气候,如云雾、烈风、雷雨对航空运输影响很大。

气候与农业

在过去,气候资源对农业的影响是绝对的,不可抗拒的。天不下雨,就是旱灾;长时间的倾盆大雨,就是涝灾。此外还有低温灾害,高温灾害,早霜冻灾害等。风调雨顺,就能五谷丰登,成为丰收的好年份。

而今,在农业生产过程中,气候资源的功能仍很重要,影响仍很深刻。因为农业生产过程是自然再生产和经济再生产交叉存在的复合过程。农业生产品就是生物,而生物的生长是受到气候资源制约的。光照强度的高低,光照时间的长短,热量的多少,风力的强弱,降水量充分的程度,季节分配等是否适当,都对农作物的种类、品种的分布,农作物产量与质量等,起着重要的作用。农业生产的许多措施,都在于合理利用气候资源,充分发挥气候资源的生产潜力。从目前科学技术水平来看,植物只能适应不同的气候资源类型,而不能离开水、热、光独立生存。因此,气候资源在农业生产中的功能就更为重要。

此外,气候资源也深刻地影响着农业生产的结构和用地结构的层次。首先,气候资源的结构,是构成大农业生产结构的基础;其次,农业生产结构内部,农作物的种类分布,质量和数量优劣、多少,牧草的质量和种类等,都受到气候资源、水热组合特征的制约。

生物资源

生物资源包括植物、动物和微生物资源。人类还在幼年阶段就开始利用生物资源了,"茹毛饮血"就是利用野生动物的写照。至今,生物资源仍是人类生存所需的首要物质。人的衣、食、住、行,以及其他活动,都离不开生物资源。生物资源为人类提供了食物、能源、生活必需品、生产原料,更为人类创造

了一个适宜生存的优良环境,并维持着自然界的生态平衡。因此,生物资源在人类社会中有着非常重要的地位。

植物资源有两种分类:一种是按利用类型分成森林资源、草场资源和农作物资源三类;另一种是按资源的用途分为食用植物资源、药用植物资源、工业用植物资源、环保植物资源和植物种质资源五类。而在生物学上,又将植物分成低等植物(孢子植物):如藻类、地衣类、苔藓类、蕨类等;高等植物(种子植物)如:裸子植物、被子植物。

动物也同植物资源的分类一样,有两种分类方法:一种是按动物类群分为昆虫类、鱼类、鸟类和兽类;另一种是按用途分为药用动物资源、毛皮动物资源、肉食动物资源、饲养动物资源、观赏动物资源及仿生动物资源。在动物学上则分为低等动物(无脊索)、半索动物、高等动物(脊索动物)。

生物资源的特性

生物资源对环境具有强烈的依赖性。无论是动物、植物和微生物，都离不开它所处环境中的空气、阳光、温度和水分，生物只有通过它的吸收营养才能得以生存和衍生。不过，不同的生物所需的环境是不尽相同的。因此，在不同的自然条件下和不同的自然环境中，会生长着不同的生物资源。

生物资源分布具有规律性。动植物资源分布的规律性，是人类开发利用生物资源的重要依据之一。植物的生长和繁衍，受地理环境的控制，例如欧亚大陆东岸从北向南依次分布着苔原、寒温带针叶林、温带针阔混交林、暖温带落叶阔叶林、亚热带常绿林、热带季雨林和热带雨林。许多动物又受植物分布的控制，它们的分布与一定的自然区、温度带一致。

生物资源具有再生性。即生物资源可以不断地自然更新和人为地繁殖扩大。

生物资源具有可灭绝性。人类的干扰和自然灾害容易引起生物种群数量的锐减，从而威胁到种群的繁殖和生存。当种群个体减少到一定数量时，这种生物的遗传基因便有丧失的危险，从而导致物种的灭绝。

生物资源利用具有悠久性。人类对自然资源的利用具有悠久的历史。

森林资源

森林生物群落由森林植物群落和动物群落组成,是整个生态系统的主体。森林具有吸收转化太阳能、积累有机物质的强大能力。森林通过光合作用,每年形成的有机物质总量达 730 亿吨,占地球生物初生有机物质产量的 44.5%。

在整个生态系统中,森林是最大的生产者。森林所积蓄的量约占植物所蕴藏的总量的 90%。在整个陆地动物所消耗的有机物质中,有 2/3 是靠森林提供的。所以森林的消长,影响着动物和微生物的消长。

森林还是维持生物圈物质循环,形成区域性气候、水文条件和地理景观的重要因素,在维护陆地生态平衡、保护人类生态环境中起着关键作用。

森林资源为人类提供木材和森林产品,也为人类提供燃料。木材是生产建设和人民生活必不可少的资源,它在建筑、开矿、铁路等方面都有广泛的用途,也是制作家具的好材料。森林作为能源,与其他能源相比,有其独特的地方。由于森林的多用性,发展薪炭林可以获得许多经济上、生态上的好处。时至今日,世界上每年仍有大约 15.66 亿立方米树木作为能源,占总采伐量的 59%,特别是第三世界国家农村中,95% 的家庭是用薪柴做燃料。

中国的森林类型

中国从南到北,跨越热带、亚热带、暖温带、温带、寒温带,自然地理条件复杂多样,所以森林资源类型繁多,树种丰富。中国由南向北的森林植物群落依次为热带雨林、热带季雨林、亚热带常绿阔叶林、暖温带针叶与落叶阔叶混交林、寒温带针叶林。

所谓热带雨林是指分布在赤道两侧的高温多雨地区,由热带植物种类组成的森林。它的生态环境是水分供给充足,一年中任何时候土的水分都能满足植物的生长,因此森林中树木高大茂密,林冠终年常绿,群落结构复杂,层外植物多种多样,是地球上繁茂的森林类型。

全世界共有木本植物2万多种,而且大多为优良用材和特用经济树种。全球松杉和柏科植物共30个属,中国就有25属,近200种;中国阔叶树木种类达260属,2000多种。银杏、水杉、水松、银杉、杉木、金钱松、台湾杉、福柏、珙桐、杜仲、喜树、旱莲、香果树、山荔枝、银鹊等为中国所特有。红松、落叶松、杉木、水曲柳、马尾松、云杉、冷杉、胡桃楸、樟木、楠木、香椿、楸树是中国的重要用材树种;油桐、油茶、马柏、漆树等是我国重要的经济树种。我国的竹类有近300种之多。

中国森林覆盖率

中国是一个少林、森林覆盖率低、森林分布不平衡的国家。据全国第四次森林资源统计，我国有森林面积1.34亿公顷(1公顷=0.01平方千米)，仅占世界森林面积的3%~4%，森林覆盖率只有13.92%，低于世界森林平均覆盖率(22%)，居世界第29位。森林蓄积量为117.85亿立方米，仅为世界总量的2.55%。森林面积按人口平均计算，世界为0.8公顷／人，而中国只有0.11公顷／人；据世界75个国家的不完全统计，世界森林蓄积量平均为65立方米／人。

中国森林资源在地理分布上不均匀。东北黑龙江、吉林，以及四川、云南、西藏自治区东部，土地总面积约占全国总面积的1/5，而森林面积却占将近全国的1/2，森林蓄积量占全国的1/4。而华北、华东地区，森林覆盖率只有11.2%，人均不足0.02平方千米，林木蓄积总量为3.5亿立方米，人均不到1立方米。西北的甘肃、宁夏、青海、新疆和西藏的中西部、内蒙古的中西部等地区，占全国总面积的1/2以上，森林面积却不足400万公顷，森林覆盖率在1%以下。再加上中国森林资源结构不合理。中幼龄林、近熟林、成过熟林面积分别占71.31%、10.18%和18.5%，中幼林占绝对优势。人工林中，中幼龄比重高达87%，而且树种单一。

森林是"绿色宝库"

人们对森林能源重新感兴趣是有道理的,因为煤炭、石油、天然气等化石燃料,是不可再生的能源,而森林能源是可以再生、可以永续利用、不会枯竭(如果继续营造,使用得法)的能源,而且没有污染。

每公顷森林每年能够生产12.9吨干物质,通过光合作用固定的太阳能,大约相当于5吨粗制石油的能量。所以,可以说森林是个不断生产能源的"绿色宝库"。

一个国家或地区的森林,每年可能提供的能源数量是非常惊人的:东南亚地区几个主要国家的森林年生长量,相当于日本全年消耗能量的4.3倍;德国仅利用本国森林采伐的剩余物,就能满足全国民用和小工业用户一半的能源需求;苏联辽阔浩瀚的林海,一年生长的树皮,就相当于1360万吨标准燃料;加拿大利用现有的废材废料,每年可以生产416亿升甲醇。森林能源的利用技术多种多样,可以直接燃烧,可以通过汽化、液化、热解、水解、发酵等技术,制成木煤气、木炭、木焦油、甲醇、乙醇、甲烷等气体燃料、液体燃料和化工原料,以提高森林能源的利用价值。

森林是调节器

湿润的气候有利于林木的生长，而森林又起到了调节气候的作用。因此，人们称森林是"大自然的总调度室""空调器"。森林作为一种庞大的生态系统，对于林区和周围的气候，能够起到降温、增湿、缓风、致雨的作用，使林区及其附近与远离林区的气候有明显的不同，有的地方甚至差异很大。

森林"能吞能吐"大气中的水，对大气水的循环起重要作用。由于森林树木的树叶不断地进行蒸腾作用，使森林上空蒸发有大量的水分。据测试，阔叶林树叶蒸散出的水分要比同体积的一般空气中所含水分高20倍，每亩（1亩≈666平方米）热带雨林每年大约蒸腾500多吨水。大量的水蒸气进入大气形成降水。一般森林地区1/4～1/3，有的甚至高达1/2的降水来自蒸腾作用。可见，森林能促进自然界中水的循环，使林区降水量增加。

森林树木树叶的蒸腾，可使林区湿度明显增大。蒸腾过程还要吸收大量热量，导致林区内气温明显降低。据测，在夏季和白天，森林中的空气湿度比无林区高出15%～25%，有时甚至高出40%，空气温度则比无林区低5℃左右。而冬季和夜间的情况正好相反，总体呈现冬暖夏凉状态。因此，森林生态系统是名副其实的大自然的"空调器"。

森林能净化空气

森林可以吸收空气中的二氧化碳和有毒物质，放出新鲜的氧气，还可以起到阻挡和吸收空气中的灰尘，从而净化空气的作用。因此，森林被誉为"地球的肺脏"。森林是大陆上最庞大的生态系统，因此，光合作用量也就最大。全世界森林吸收二氧化碳所放出的氧气超过世界人口呼吸所需氧气的10倍。平均每公顷森林每天吸收1吨二氧化碳，放出730千克氧气，净化空气1800万立方米。如果按成年人每天呼出0.9千克二氧化碳、吸入0.75千克氧气来计算，平均每人只要有10平方米的森林就可以满足人们的氧气需要，并能消除所排出的全部二氧化碳。据世界观察研究所的资料，1996年人类燃烧化石燃料而排放到大气中的碳，达62.5亿吨，其中仅森林与海洋就吸收了30亿～40亿吨，大大地降低了大气中二氧化碳含量，同时也降低了"温室效应"。

　　森林生态系统是一个庞大的大气净化器。它能吸收、阻滞和过滤空气中的尘埃、煤烟、炭粒、铅粉等污染物质，从而增加空气的清新程度。例如1平方千米松林，每年吸收和滞留空气中的灰尘36吨，1平方千米水青冈、槭树、橡树混交林，每年阻挡和吸收空气中的灰尘可达68吨之多。每年5～9月份时，绿化地区的空气含尘量，要比空旷地区含尘量约少1/4或更多。

森林能保持水土

森林树木的树干、枝叶,以及地面上的枯枝败叶层,都可以截留相当一部分天然降水,从而缓和降水对地表的直接冲刷,起到了保持水土的作用。另外,降在林区的水分能渗入到林下土壤中贮存起来,供树木生长所需。有的学者推算过,森林地带的降水量的70%是被森林土壤吸收的,其中除林木蒸腾及地表蒸发消耗外,约有55%以上被森林涵养起来。据热带植物研究所测定,热带雨林的年径流量为8毫米,农田为92.5毫米,荒坡为113.8毫米。按此计算,每亩热带雨林比农田多涵养蓄水56.3吨,比荒坡多涵养蓄水70.5吨。这样,每2万亩森林的贮水量就相当于一个大于100万立方米的小型水库了。所以有人把森林誉为"绿色的水库",并且把森林涵养水源的作用称为"水库效应"。

森林有着极好的保持水土的功能。河流中泥沙的增多,与森林植被破坏有关。2000多年以前,秦始皇为修建豪华的宫殿和庞大的陵墓,从全国抽调了70万人到长安大兴土木。于是,渭河平原及其背后群山上的大批森林遭到砍伐。由于滥伐森林,造成了水土流失,泾河已变得浑浊不清。而流经森林覆盖山区的渭河,当时依然清澈见底。当两河汇合时,呈现出"泾渭分明"的现象。

森林能防风固沙

在风沙严重地区,不论是天然林或是农田防护林,都可以降低风速、稳定流沙、保护农田。凡有林网保护的农田,风速平均可降低20%~30%,地表蒸发量减少10%~20%,空气相对湿度提高5%~10%,夏季降温或春季增温1℃左右,为农作物生长创造了良好的条件。此外,森林也起到了将风暴中所携带的沙土逐渐固定下来,使之不再扩大其危害面的作用。树木的根扎得很深,以便汲取土壤中的矿物质,将其输送到枝叶中,这样就可使泥土不易被风刮走,可以减少大风暴的含沙量。

解决沙尘暴的问题,必须植树造林,防沙固沙。因为林地植被可以阻滞气流,降低风速,是降伏沙龙的天然屏障。据测定,从林缘向林内深入30~50米,风速可减少30%~40%;枝叶茂密的树种,能减低风速达70%~80%;如深入200米处,则完全静止无风。在风害区营造防护林带,一般都可降低风速1/3左右,有效防护距离可达树高的20多倍。一亩防风沙林,可以保护100多亩农田免受风沙之害。

专家测定,一条14米高的防风林带,在它250~300米的保护范围内,平均风速能降低20%~30%。由于风速降低,土壤水分的蒸发量减少15%~20%,空气相对湿度提高20%左右,作物的蒸发量也减少20%左右,无霜期可延长2~4天。所以,有防护林的农田会增产20%左右。

森林与国防

掩蔽作用：森林能把军队和重要军事设施隐藏起来。实践证明：郁闭良好的森林，可使航空普通光摄影侦察完全失去作用，就连现代人造侦察卫星也难以在密林深处准确地发现目标。

阻滞作用：在敌人突然入侵的情况下，大面积的森林可以阻止敌人坦克和装甲部队以及空降兵的迅速推进。另外森林会降低枪弹的命中率，灌木丛中手榴弹的杀伤半径减小，大量弹片被6米以内的树木所截。

防核作用：森林能防风、除尘、遮光，所以对原子、化学武器所产生的冲击波、光辐射及放射性沾染等，都有一定的防护作用。在稠密的森林地区，原子武器的杀伤半径比在平坦开阔地区要小一半。

杀菌作用：森林具有净化环境、消灭病菌的特殊本领，是对付敌人细菌武器的一支天然"防疫军"。一公顷桧柏林一天内可分泌35千克杀菌素，这些杀菌素可消灭结核、霍乱、赤痢、伤寒、白喉等病原菌。

防荒作用：森林中有丰富的木本粮油等代食品，可以帮助人们度过饥荒。可供食用的果实有猕猴桃、榛子、松子、木耳、蘑菇、竹笋、山丁子、山楂、枇杷、沙枣、草莓、胡桃、板栗等。

救伤作用：森林是盛产中草药材的宝库。如冷杉的香脂、水藓、曲柳、侧柏、枸杞、黑桦、桑、臭椿等具有药用价值。

森林是旅游资源

　　人类和绿色植物有着密切的生态平衡关系。如植物的光合作用和人类呼吸作用互为关联，人呼出的二氧化碳被植物吸收，植物吐出的氧气成为人所需要的新鲜空气，所以森林会使人感到空气新鲜。大自然的绿色早已与人的视觉相适应，所以绿色养目。树冠的粗糙表面，使日光形成乱反射，而使光线柔和。树叶发出的芳香常有杀菌效能，可以使林中空气洁净。还有林中的湿度、温度都比较宜人。这一切都有益于人体健康。自古以来居民就有踏青、郊游、赏景等活动，对森林美景仍是十分向往的。

　　游人进入森林，既可领略森林浴的野趣，又可欣赏植物群落的自然生态美。在林中，松针的清香、野草的芬芳随着微风扑鼻而来，清洗着肺腑中的城市浊气；湿润的空气温柔地抚摸着人们的肌肤，使每一个毛孔都尽情地吸吮这宜人的滋养。树叶的季相变化，创造了四时的美景。鹅黄嫩绿的叶色报道春天的来临；夏天的蔽日浓荫，使人忘却了林外的炎炎烈日；秋叶的丰富色彩，几乎难倒了画家的调色板；隆冬的林海雪原，绘出了自然界粗犷豪放的气概。常去森林旅游，可增加肌体的抵抗力，可学习生物学常识，可丰富色彩学知识……

世界森林资源

联合国粮农组织公布的世界森林资源评估报告，调查了179个国家，其陆地总面积为129.4亿公顷，森林面积为34.4亿公顷，森林覆盖率为27%。

世界现有森林总蓄积量为3840亿立方米。林木蓄积量最多的是苏联，为842.34亿立方米，巴西为650.88亿立方米，加拿大为286.71亿立方米，美国为247.3亿立方米，扎伊尔约为231.08亿立方米，印度尼西亚为196.09亿立方米，秘鲁为105.93亿立方米，中国森林总蓄积量占世界第8位，为97.89亿立方米。

世界人均拥有森林蓄积量为71.8立方米。拉丁美洲和加勒比地区人均森林蓄积量最高，达244立方米，北美为193立方米，非洲87立方米，亚洲和大洋洲发达地区46立方米，欧洲34立方米，亚洲和太平洋地区的人均森林蓄积量仅为8.6立方米，是世界人均拥有森林蓄积量最少的国家之一。发展中国家现有人工林总面积6844.5万公顷，中国为3183.1万公顷，占46.5%，中国是世界上人工林面积最多的国家。

森林是聚宝盆

森林是一个生态系统，支持着数以百万计的物种，为人类提供了广泛的生物资源。据研究得知，每公顷森林年生产干物质 12.8 吨(农田为 6.5 吨、草原为 6.3 吨)。在陆地上森林生产的产量占 66%。目前，全世界每年的木材产量约 30 亿立方米。木材、胶合板、纸浆木材和薪柴等的世界产量，在 1985 年价值就已超过了 3000 亿美元。同时木材和林副产品(松脂、栲胶和香料等)的生产和贸易还提供了大量的就业机会。

森林还是一个理想的"基因仓库"。森林所构成的生态环境，其中生长着数不尽的树、草、蕨、藓，为人类提供了植物资源。森林中的野生植物非常丰富，其中有些是价值很高的水果，如野生藤本中的中华猕猴桃、山葡萄等，再如东南亚林地中生长的山竹豆可能是世界上最鲜美的水果。中国传统医学中药用植物近 3000 种，多生长于森林之中，如人参、天麻、三七、杜仲等。

森林还是野生动物的王国，森林以其茂密而挺拔的树木养育和庇护着数不尽的鸟、兽、虫、菌等，为人类提供了动物资源。森林是野生动物的栖息地，能保护野生动物的生存与发展。

草地是生态资源

草地作为一种生态资源,是仅次于森林的特殊生态系统。目前,全世界草地生态系统约有2966万平方千米,占陆地面积的24%,将近1/4。亚洲、非洲拥有的草地资源最多,分别为1200万和1900万平方千米;其次是北美洲、南美洲和大洋洲;欧洲、中美洲最少。在中国,草地占国土面积的40%,即400万平方千米,这一数据为全国耕地面积的4倍。

草地是能把太阳能转化为生物能的巨大绿色宝库,也是宝贵的生物基因库。它适应性强,覆盖面积大,更新速度快,具有调节气候、保持水土、涵养水源、防风固沙的功能,具有重要的生态学意义。草地是一种可以更新、能增殖的自然资源,是畜牧业发展的基础,并生有丰富的野生动植物、名贵药材、土特产品,具有重要的经济价值。

草地资源作为自然资源的重要组成部分,其数量丰缺,质量优劣,可转化为各类畜产品的效率高低,是直接关系到一个国家或地区农业现代化发展和经济繁荣的重大问题。中国拥有世界1/5的草地资源,家畜数量和品种资源均为世界第一,草食动物中,绵羊、山羊合计居世界之首,牛的头数居世界第四。

中国的草地资源

据1997年中国环境状况公报公布的数字,中国拥有各类天然草地3.9亿公顷,约占国土面积的40%,约占世界草地资源的1/5,位居世界第一,是一个草地资源大国。

中国草地资源地理分布极不平衡,若从东北大兴安岭起,沿华北燕山、阴山山脉,到横断山东缘画一条线,它的西部为中国的主要牧区和半牧区,东南部为农区。全国75.5%的天然草地集中分布在西北部牧区和半牧区,其中西藏、青海、新疆、甘肃、内蒙古和四川西北部六大牧区又占了西北部的98%。

中国大面积的天然草地,具有优质低产的特点。概括起来,粗蛋白含量大于10%的优质草地占62.7%,含量在5%～10%的中等草地占22.83%,含量低于5%的低等草地占14.45%。从单位面积产量来看,高产草地仅占14.65%,中等草地占31.57%,而低产草地高达53.78%。

从数量、质量综合评价来看,中国优质高产草地极少,以优质低产草地为最多,占36.89%,草地类型主要是荒漠草原、高寒草原和高寒草甸。优质中产的草地次之,占25.83%,草地类型有草甸草原、干草原、山地草甸和零星草地四大类。中质高产和中质中产草地为中国南方热带、亚热带山地丘陵草山草坡主要类型,分别占14.6%和5.74%。

中国的草地类型多

中国的天然草地从东到西，由潮湿沿海地区到欧亚大陆干旱中心；由南向北横跨热带、亚热带、温带等几个自然地带垂直分布由海拔100米以下的沿海与滨海平原，到海拔1000米以下的中部和东部山地丘陵，从海拔1000～2000米或更高的高平原与高原盆地，直到海拔4000米以上的青藏高原。在这种不同生态条件下，形成了各具特色的草地类型。

草甸类：包括低平地草甸、山地草甸和高寒草甸三类。多分布在青藏高原东北部、四川西北部和西南、西北的高山、亚高山，以及东北平原低地林缘和海滨、河滩等处。草的种类丰富，草质优良，产草量高，是优良的放牧场和割草场，适宜绵羊、牛、马放牧用。

草原类：包括草甸草原、干草原、荒漠草原和高寒草原四类。多分布在中国北方温带半湿润、半干旱地区，从东北平原到内蒙古、甘肃、宁夏、新疆、青藏高原都有分布。草质优良，适宜羊、牛、马放牧。

荒漠类：包括草原化荒漠、典型荒漠和高寒荒漠三类。集中分布在内蒙古西部、甘肃、宁夏、新疆、青海、西藏西部等地。主要以骆驼和山羊放牧用为主。

中国草地的退化

草地质量下降,草群中优良牧草的数量减少,不可食和有害杂草增多,可食性牧草产量减少,草地生产能力大幅降低,即草地退化。天然草地退化已经成为全世界普遍存在的环境问题之一,在中国也不例外。

据 1997 年中国环境状况公报,全国 90% 的草地已经或正在退化,其中中等退化程度以上的草地达 1.3 亿公顷,占全国草地可利用面积的 33.3%,并且每年以 200 万公顷的速度递增,退化速度每年约为 0.5%。

据全国重点牧区草地资源调查,在乌兰察布退化的草地上,天然草群覆盖减少了 20%~70%,草群平均高度下降 20%~60%,产草量降低了 20%~50%;新疆维吾尔自治区著名的大、小尤尔都斯草地,由于退化,草地覆盖度由 20 世纪 60 年代的 89.4%,下降到目前的 30%~50%;草群高度由 24.6 厘米,下降到 14.2 厘米,产草量由每公顷 1400 千克,下降到每公顷 600 千克。

草地退化的主要原因在于:超载放牧,草地建设投入少,建设速度远远赶不上退化速度。草地环境破坏,引起气候干燥,雨水稀少,流沙借助风力迅速移动,造成草地沙漠化,沙漠化的草地涵养水源的能力减弱,使地下水位下降和水源枯竭,成为恶性循环。全国草地每年水土流失达 50 亿~100 亿吨,还有 300 多万公顷的土地发生盐碱化,3300 多万公顷的草地鼠害、虫害相当严重,每年损失牧草 100 多亿千克。

开发生物资源

据生物学家估计,目前地球上约有8万种植物可供人类食用,人们尝过的只有3000多种,仅150多种被大面积种植。占世界食物消费量90%的植物不到20种,而小麦、稻谷和玉米就占产量的70%以上。豆种植物是植物蛋白的重要来源,大约有1万种,我们利用的仅仅是大豆、花生等少数几种。鱼类约有200多万种,而当前人类利用的只有500多种。作为高蛋白的蘑菇,有成千上万种可供食用,现在也只利用了十几种。地球上的酵母、霉菌等微生物,更是"原封未动"的蛋白仓库,营养价值很高。

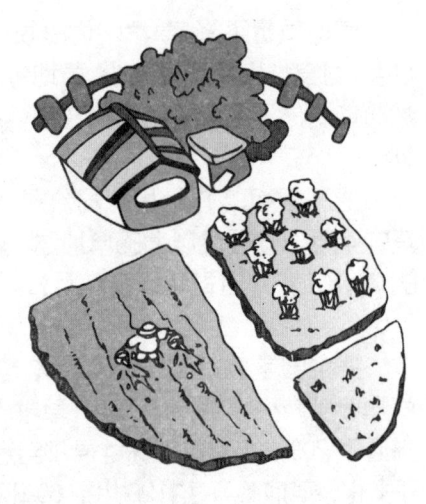

人类已经通过育种技术、生物基因工程,成功地培育出新品种,提高生物的生产力。今天的农作物,如小麦、玉米、水稻、大豆等,都是人类千百年的驯化、筛选、培育的成果,它们比野生近亲的产量要高得多。然而,一种优质高产作物在经过几年至几十年的自繁后,产量和抗病虫害能力会自行下降,因此需要不断通过杂交从其野生近亲吸取新的基因,调整遗传结构,提高优良性状。美国植物学家在10多年前,从中国东北带走长有白毛的野生大豆的一个类型,用来与美国的栽培大豆杂交,培育出抗旱的新品种,使美国代替中国成为大豆最大出口国。我国水稻之父袁隆平,开展野生稻培育高产杂交水稻早已获得成功。

中国的生物资源

中国生物资源十分丰富。植物种类约有3万种,居世界第三位。其中苔藓植物106科2200种,占世界的科数70%,种数的9.1%;蕨类植物52科,约2200~2600种,分别占世界科、种数的80%和22%;裸子植物全世界共有15科79属约850种,中国就有10科34属约250种,是世界上裸子植物最多的国家。中国被子植物约有328科3123属3万多种,分别占世界科、属、种数的75%、30%和10%。

中国的动物也很丰富,脊椎动物共有6347种,占世界总种数的13.97%。中国是世界上鸟类种类最多的国家,共有鸟类1244种,占世界总种数的13.1%;鱼类有3862种,占世界总种数的20.3%。

中国经济物种也很丰富,药用植物在4700种以上,香料植物约350种,油脂植物约800种,酿酒和食用植物约300种,纤维原料植物500种以上。栽培和野生果树总数居世界第一位。中国水稻的地方品种达5万种,大豆达2万种,牧草4200多种。中国经济动物资源也很丰富,有经济价值的鸟类330种,哺乳动物190种,鱼类60种。另外还有很多具有经济价值的微生物,包括700种野生食用真菌,380种药用菌。野生动物具有肉用、毛皮用、药用、观赏用等多种价值。近年来,多种野生动物进入养殖行业,如蛇、龟、鳖、鹿、麝、熊、豹等。

蕴藏丰富的煤矿

我们知道煤是从地下开采出来的,可是地下为什么蕴藏着这么多煤呢?这得从煤的形成说起。地质学家推算,最年轻的煤层沉积于新生代第三纪(草煤为第四纪),年龄最大的煤层则形成于古生代的石炭纪或二叠纪,距今已有2亿多年了。那时候地球气候潮湿而温暖,石炭纪、二叠纪时的高大树木,树身直径可达2米多,树高40米以上,以至到中生代的侏罗纪、新生代的第三纪,地球上松柏和银杏树等已形成郁郁葱葱的林海。气候的变化,植物大量死亡,堆积于湖泊沼泽地带的植物遗骸,经过细菌分解而成泥煤。泥煤形成以后,又由于地壳的升降变化,使泥煤埋在地下,在高温高压之下泥煤变成了褐煤,褐煤在高温高压的继续作用下,含碳量进一步升高,氧、水分和挥发量进一步降低,就变成烟煤和无烟煤了。

据勘测估算,地下埋藏的化石燃料约90%是煤,世界煤炭的总储量约为10.8万亿吨,有的认为有16万亿吨至20万亿吨,甚至认为地质储量可达30万亿吨。按当前的消耗水平可用3000年以上;其中在经济上合算并且用现有技术设备即可开采的储量约6370亿吨,按目前世界煤年产量26亿吨计算,大约可以开采245年。

煤是工业的粮食

煤可以燃烧,而且燃烧时放出来的热量很高。1千克煤完全燃烧时释放的热量,如果全部加以利用,可以使70千克冰冻的水烧到沸腾。在化石燃料里只有石油和天然气比得过它。它的发热能力比木炭大0.5倍,比木柴高1~3倍。因此煤可以用来做饭、取暖、发电等。

煤气是用煤在工厂里制造出来的。用煤气作燃料比直接烧煤具有更多的优点,便于储存运输,使用方便,容易控制,清洁卫生,而且热能的利用效率也很高。

在火力发电厂里,电是靠烧煤生产出来的:煤把锅炉里的水烧成蒸汽,蒸汽推动汽轮机,汽轮机带动发电机,发电机就发出电来。由此煤的热能变成为电能,供人们利用。此外,煤还是有机化工原料。

近几十年来,随着社会生产和科学技术的进步,人们已经越来越多地注意到了煤在化工方面的用途。因为煤的分子是一些结构极其复杂的大分子,人们采取化学加工的方法,可以使煤的大分子分解,得到各种简单的化合物,再用这些简单的化合物作原料,就能生产出许许多多宝贵的东西,供人们生活和生产所需。

中国的煤炭资源

中国煤炭资源的第一个特点是：资源丰富。煤炭是中国的第一能源。地下1000米以内预测储量为18 945亿吨。截至1985年，累计探明储量为7822.34亿吨，原煤产量87 228万吨，居世界第二位，已探明储量约占世界储量的30%以上。

中国煤炭资源的第二个特点是：分布广泛。除上海市外，在全国30个省(自治区、直辖市)2282个县级行政区中，1349个县都有煤炭资源，产地4594处，是中国重要矿产资源中分布最广、数量最多的一种矿产。探明储量超过100亿吨的省区有12个，其中山西、内蒙古、新疆超过5000亿吨，另外陕西、宁夏、甘肃、贵州、河北、河南、山东和安徽等8省(自治区)的煤炭蕴藏量超过1000亿吨。在分布特点上，中国南方煤少，北方煤多；东部煤少，西部煤多。

中国煤炭资源的第三个特点是：煤种齐全。通常根据形成时的变质程度不同，按照变质程度由低到高的顺序，将煤分为泥煤(泥炭)、褐煤、烟煤和无烟煤四类。这四类煤的含碳量和发热量是逐渐增高的，而氢、氧、水分和可燃体挥发分含量则逐渐减少，其他成分及物理性质也随煤的种类而有所变化。各煤种中国都有，烟煤和无烟煤占90%以上；不黏煤和弱黏煤占60%；褐煤相对较少，仅占全国煤炭总量的8%。

煤灰也是资源

在罗马的埃索和卡赛奇港,大海中屹立着 2000 多年前修筑的防波大堤,它久经海浪的拍击,日晒雨淋,至今还毫无损伤。它的材料曾被认为是一种失传的古罗马水泥。后来才发现,它只是用一分石灰掺上两分煤灰和火山灰制成的。这种混凝土在海水的作用下,能很快地化合成强度大、易于固结的硅铝碱。

从 20 世纪 50 年代开始,人们用煤灰配上石膏、高炉渣制造水泥,它密度大,可塑性强,反潮率低,容易浇灌,是优质的水硬性胶凝材料。后来,许多国家又用煤灰生产出轻骨混凝土、砖、泡沫耐火材料、陶瓷材料等。从此,煤灰的声誉越来越高,被誉为"工业的二次原料"。

此外,煤灰中含有稀有和稀土元素。因为煤灰来源于煤炭,煤炭的物质成分除烧掉有机质和逸散硫化氢、水分等外,其他大部分矿物质都成为煤灰被保存下来了。这些矿物质的化学成分有二氧化硅、三氧化二铝、三氧化二铁、氧化钛、氧化钙、氧化镁、硫酸盐及铍、铀、锗、镓、硒等元素。虽然它们的含量很低,但经过熔烧、脱水、还原、解离、变质作用,变成煤灰后,其含量却普遍提高了,有的甚至可以达到工业要求。实验证明,从煤灰中提取铝、镓、锗等稀散金属,既可省去粉碎矿料的工作程序,又能很快地提取出来。所以煤灰又被誉为"再生的矿产资源"。

石油是工业的血液

石油在工农业生产及整个国民经济中用途非常大，是当今世界的第一能源，素有"工业的血液"之称。

石油是一种可燃的油质黏稠液体。主要由碳氢化合物的混合物组成，包含碳、氢、氧、氮、硫等化学成分。其中碳和氢约占98%以上（碳占84%~86%，氢占12%~14%）。碳和氢不是呈自然元素存在，而是组成各种碳氢化合物，即烷族、环族和芳香族存在。

人们从油气田里将石油开采出来，这就是原油。由于原油中碳氢化合物（简称为烃）是混在一起的，不能直接使用，所以要进行加工。基本加工方法有直接蒸馏方法和多种裂化方法两种。多种裂化方法是使大分子烃断裂成为小分子的烃，变成汽油和柴油，同时获得一部分化工原料。

石油是优质的动力燃料。现代工业、国防、交通运输对石油的依赖程度很大，飞机、汽车、拖拉机、导弹、坦克、火箭等高速度、大动力的运载工具和武器，主要是汽油、柴油和煤油作为动力来源的。

石油还是重要的化工原料。人们的衣食住行都离不开石油产品。有人统计过，目前石油的产品超过5000种，已渗透到人类生活的所有领域。例如，三大合成材料：合成纤维、合成塑料、合成橡胶，都是用石油做原料，经过多次化学加工生产出的产品。

世界的石油资源

据统计,全世界已采出天然气为37.18万亿立方米,已探明的剩余天然气储量约为90.36万亿立方米,远景储量预测为143.88万亿立方米。世界天然气总资源量为271万亿立方米。按目前消费量计算,已探明储量可维持到2040年,总资源量可维持到2131年。

世界石油主要集中分布在以下地区:中东波斯湾地区石油储量约占全世界总储量的57%;欧洲石油储量约占世界总储量的1/6;拉丁美洲和北美洲,石油储量约占世界总储量的1/7;非洲石油储量约占世界总储量的1/9;亚洲及太平洋地区石油储量约占世界总储量的1/16。

沙特阿拉伯是世界上最大的储油国,而且中部沙漠地带和西部地区尚有待勘探和开发。科威特、伊朗、伊拉克等国石油储量也很大。有科学家指出:巨大的储藏在远东沉睡,仅南中国海的石油储量就占世界海底石油储量的1/4。发现特大油田的时代并未过去,北极大陆架、美国大西洋海域,东南亚海区有良好前景。

中国石油前景好

中国已在 23 个省(市、自治区)发现大小油田近 300 个,气田 140 个,根据专家预测,全国石油资源估计有 600 多亿吨到 700 多亿吨,天然气有 30 多亿立方米,说明中国油气资源的潜力是比较大的。

中国石油资源的情况,同美国大体相似。在美国含油气盆地中,面积大于 10 万平方千米的有 10 个,中国也有 10 个(塔里木、华北、鄂尔多斯、松辽、四川、黔桂、准噶尔、柴达木、二连和藏北,总面积超过 244 万平方千米)。但美国最终可采储量为 153 亿吨,现今仅剩 80 亿~90 亿吨没有采出。而中国可采储量 150 亿吨中,只采出 10 亿吨,还剩有 140 亿吨未采出,所以前景是很乐观的。

从产量上看,中国与美国也相类似。美国从 1859 年开始,年产仅 300 吨,到 1923 年达到 1 亿吨,1970 年达到最高峰,为 53 088 万吨,以后就逐渐降低了。中国从 1907 年发现延长油田算起,年产不足 100 吨,到 1978 年,用了 71 年,原油年产量达到 1 亿吨,一段时间后,预计年产量可达到 5 亿吨。

由此看来,中国石油资源和石油工业的发展,方兴未艾,前途光明。

油田的形成

我们知道汽油、煤油和柴油，都是从石油中提炼出来的。可是石油又是哪里来的呢？

在距今很远的地质历史时期，地球上许多近水的低洼地带、湖泊、浅海里，繁殖着大量的动植物。这些生物死亡后，遗体随着泥沙一起沉入湖底和海底，而且越埋越深，最后与外界空气隔绝。在地层的高压、高温条件下，经过厌氧细菌、石油菌、硫黄菌的分解作用，生物体的有机质逐渐分解"加工"成石油。

最初生成的石油是分散的油滴，分布在岩石的孔隙中，由于地下水的流动和压力的作用，分散的油滴向多孔隙和有裂隙的岩层流动。如果这些多孔隙岩层的周围又被较密实的岩层（如黏土岩、泥灰岩等）所封闭，油滴就会储存起来形成油田。

过去，许多科学家都认为石油只能在海洋里形成，分布在沉积岩层中，即所谓海相生油。20世纪30年代，中国地质学家提出了陆相生油论，即在陆地上的湖泊里的沉积岩中，只要含有丰富的有机质，以及适合于有机质保存和转化的条件，都可以生成石油。例如松辽盆地、柴达木盆地、塔里木盆地、四川盆地、江汉盆地等的大、中型油田。

目前，世界上约一半的石油是从海底开采出来的，例如波斯湾、里海都是世界著名的产油区。

中东盛产石油

欧洲、亚洲、非洲交界的地区，主要是亚洲西部一带，即人们所说的"中东"地区。这里蕴藏着十分丰富的石油资源。波斯湾沿岸各国，如伊朗、伊拉克、科威特、沙特阿拉伯、卡塔尔和阿布扎比等，都是中东重要的产油国。如伊朗的石油蕴藏量有96亿多吨，科威特有93亿多吨，沙特阿拉伯有176亿吨等。

为什么中东地区蕴藏着这么多石油呢？原来，在遥远的地质年代中，这里曾是一片汪洋大海。由于纬度较低，气候温暖，适于海洋生物的大量繁殖，这些生物死亡后的遗体和长期沉积了很厚的岩石碎屑、泥沙一起沉入大海海底，并被泥沙所覆盖。此外，这里的岩层又是连通得很好的裂隙性石灰岩、渗透性很好的孔隙砂岩，使分散的油滴便于流通和集中，而近地面处的岩层则是页岩、石膏、岩盐一类的不透水岩层，如同一座天然的"密封舱"，能防止石油挥发。在历次褶皱运动中，由于受到这些地区坚硬的结晶岩基底的保护，褶皱作用的强度被阻挡和减弱，岩层只发生轻微褶皱和移位。因此石油得以积聚并形成良好的储油场所。

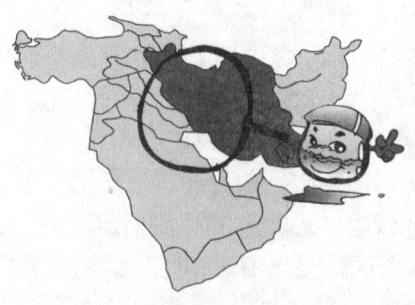

总之，中东地区既有生成石油的良好条件，又有良好的储油条件，才形成了今天的中东石油。所谓生油条件，即茂密的植物和大量的浮游生物、各种动物等有机质物质长时期的生息，同时，中东地区又有良好的储油构造。所以这里的石油产量十分丰富。

天然气储量丰富

早在2000多年以前,四川省自贡市附近的劳动人民,从地下开采出来卤水,又从地下开采出来一种可燃性气体(天然气),就地熬盐。现在得知,西伯利亚地区、塔里木盆地、四川盆地的天然气储藏量大得惊人。

那么,地下为什么会有这么多天然气呢?原来天然气的生成有三种情况:第一,煤层中的瓦斯是可燃性气体。瓦斯是成煤过程中形成的天然气,主要是甲烷(约占99%),还含乙、丙、丁烷和二氧化硫、一氧化碳、二氧化碳、硫化氢等气体。这些气体对人体有害,并且易发生爆炸。

第二,天然气与石油有关。在地质时期形成石油的时候,动植物遗体中生长着一种细菌,它的名字叫"嫌气性细菌"。长期以来,"嫌气性细菌"做着一种"分解"动植物遗体的工作,它把动植物遗体转变成了一种气体,这种气体就是天然气。后来,地壳发生变动,因为陆地上升,古代海里的水退去,气体就向那些有利于贮藏的地方集中。这样,就形成了现在天然气的储气层。可见,这种天然气的形成和石油相同,而且往往和石油共生在一起,储存在油层上部。但有的天然气能在地下单独形成气田。

第三,还有一种可燃性气体,就是沼气,成分主要是甲烷,大多是由比较近代的动植物遗体在湖沼底被"嫌气性细菌"分解而形成的。

天然气时代

天然气是蕴藏于地下的一种可燃气体，其主要成分为甲烷。目前，天然气已成为世界主要能源之一，它与石油、煤炭、水力和核能构成了世界能源的五大支柱。

当前世界石油与天然气产量比为 2:1，中国为 9.6:1。近 30 年来，世界天然气勘探迅速发展。到 20 世纪 90 年代，世界探明的天然气可采储量 100 万亿立方米。在油气总储量的比例中，天然气由 16.6% 增至 45% 以上。油与气资源比例已逐渐接近，气将超过油。据估计，全世界天然气最低储量可达 300 万亿立方米，目前已探明的可采储量仅占 1/3，累计产量仅占 13.5%。

而今又发现一种新型能源——天然气水化物，这是一种尚未被人们熟知的新型能源。据分析，陆地上 27% 和洋底 90% 的地区都具备形成天然气水化物带的有利条件。经估算，其总资源量在陆上为 5300 亿吨煤当量，洋底为 161 万亿吨煤当量，合计为世界煤炭总资源量的 10 倍，石油的 136 倍，天然气的 487 倍。

目前世界上已发现 60 多处水化物矿床。除极地外，在大西洋、加勒比海、太平洋等海底均有发现。其中以加利福尼亚海域为最大，面积达数千平方千米，矿层厚约 300 米。

固体石油

人们称腐泥煤、油页岩、沥青质页岩为固体石油。从天然石油枯竭之日起,人类将大量开采这些固体石油,以补充燃料和化工原料的不足。能源专家预测,固体石油将是未来重要的化石燃料。

腐泥煤、油页岩、沥青质页岩,都是含油率较高的可燃性有机岩,是提炼石油和化工产品的宝贵原料,所以被誉为"固体石油"。这些固体石油,特别是油页岩,据估计,在全世界的储量大大超过石油。

腐泥煤呈黑色,沥青光泽,条痕褐棕色,致密块状,比较坚硬,有较强的韧性,比重较小,拿在手上有轻飘飘的感觉。在化学成分上氢的含量较高,挥发性和焦油产率也较高。山西蒲县东河的腐泥煤一般含油率为8%~24%,最高达32%,属于藻煤和烛藻煤。

油页岩是一种含碳质很高的有机质岩,可以燃烧,颜色很杂,比重很轻,风化后显出明晰的薄层理,含油明显,长期用纸包裹油页岩时,油就会浸透到纸上来。燃烧时火焰带浓重黑烟,并发出典型的沥青味。化学成分为:含碳60%~80%,氢8%~10%,氧12%~18%,还有硫、氮等元素,是一种富氢的碳氢化合物。1千克油页岩燃烧可产生8000~12 000焦耳热量,3千克油页岩相当于1千克煤的发热量,5千克油页岩相当于1千克石油的发热量。

太阳的光和热

太阳一年发出的能量，相当于现在人类所使用的总能量的 $6×10^5$ 亿倍。这些能量的绝大部分都辐射到太阳系的宇宙空间，其中约有亿分之一辐射到地球上，相当于现在地球上所使用的总能量的 3 万倍。

太阳在射向地球二十二亿分之一的光和热中，有 30% 被大气和云雾反射回去，有 20% 被大气和云雾所吸收，因此到达地面的太阳能只有 50%，尽管如此，地球上所获得的太阳能量相当于 $10×10^6$ 亿吨标准燃料的能量，这个数字比目前全世界一年生产的总能量还要大 1.8 万倍。太阳能在地球上究竟发挥什么作用呢？

第一，辐射到地球表面上的太阳能以热的形式被地面和海洋所吸收，使之变暖。第二，同海水、河川、湖沼等的水分蒸发，以及降雨、降雪有关的太阳能约为 23%。这些能量的一部分作为河川的水利用于水力发电等。第三，能引起风和波浪有关的太阳能约为 0.2%。第四，植物利用太阳能、水和二氧化碳进行光合作用而生长，但它也只利用了 2%~3% 的太阳能。现在我们所使用的石油和煤炭等，可以说是经过几亿年之久的光合作用而积蓄起来的太阳能。第五，太阳除了给予地球光和热外，还向地球发射 X 射线、电波和太阳风等离子体状的粒子，使地球的上层大气经常受到影响。

直接利用太阳能

人类很早已开始利用太阳能了，只不过规模很小罢了。利用凸透镜或凹面镜，可以把日光聚焦起来，点燃香烟。1878年，巴黎博览会上曾展出过反射镜式太阳灶，1913年埃及曾制成100马力的太阳能蒸汽抽水机。目前，直接利用太阳能的方式有两大类，即：

一是利用载热体直接收集太阳能。直接利用水或其他载体，把太阳能收集起来，并加以使用。目前基于这个原理制造的装置有好多种。例如太阳能温水池，利用太阳光把池水晒热，然后将热水放入稻田使用，可提高产量；太阳能热水器，这是当前普遍利用太阳能的一种装置，可提供50℃～60℃的热水，可供洗澡或家庭用热水，也有人把它装在屋顶用于房屋取暖。太阳能蒸馏器：主要用于海水淡化；太阳能干燥器：主要由空气加热箱和干燥室组成，用来烘干粮食、烟草、茶叶等。太阳能利冰机：太阳光使接收器中的氨蒸发，然后冷凝成浓氨，当浓氨蒸发时吸热而致冷。此外还有温室育苗、种菜、集合阳光热治疗疾病等。

二是利用聚光器集中太阳辐射能。这种利用方式与利用载体直接收集太阳热能的基本区别是：利用聚光器把所接受到的太阳辐射能集中起来使用，以提高载热体（通常是水）的温度。这类装置有太阳能炉灶，如太阳能聚光灶、箱式太阳灶、太阳能蒸汽灶等。

地热也是资源

人们把蕴藏在地球内部的热能称地热。地热和石油、煤炭、天然气及其他矿产一样,也是一种宝贵的矿产资源。地热能一般可以分为两种类型:一是以地下热水或蒸汽形式存在的水热型,二是以干热岩体形式存在的干热型。目前,人们对于地下热能的利用,基本上是通过开采地下热水(气)来实现的,因为地下热水(气)是从地球内部将地下热能携带到地表的一种重要媒介。而干热岩体形式存在的干热型,则是未来大规模发展地热发电的真正潜力。但是,因为它的勘探和开发利用工艺都比较复杂,所以过去和现在,利用的还是水热型资源。

地球是一个庞大的热库。据测试资料证明,地球内部是一团温度高达数千度的炽热岩浆,我们不可能把地球内部蕴藏的热能全部开发出来。但是,仅按10千米深度的范围计算,地下热能就相当于全球煤炭储量的好几千倍,大约为 4×10^{23} 或 4×10^{26} 焦耳。

人类在地热能的开发中,首先利用泉水温度高来洗浴;其次用温泉水来医疗各种慢性病;此外,在农业上用作温室,浇灌瓜果农田,育种等;同时温泉千姿百态,也是一种难得的旅游资源。

海洋能

虽然至今还没有一个确切公认的定义,但顾名思义,由海洋产生的能量,都可以称为海洋能。如海水运动(海浪、洋流、潮汐等)所具有的能量,海水温度差异及盐度差异所有的能量,海水中生物产生的能量,另外,还有以物质资源形式存在的其他能源,如海水中的铀和重水,都是十分重要的能源。海洋能包括如下:海水势能,如潮汐能;海水动能,如海浪能、海流能;海水热能,如海水温度差能;海水化学能,如海水盐度差能。海洋是一个庞大的蓄能库,海水中蕴藏的海洋能来源于太阳能和天体对地球的引力。因此,海洋能是取之不尽,用之不竭的能源。不过,海洋能的能量密度小,利用时花费的费用较大,与目前利用的煤、石油、天然气等能源相比,不太划算。

海水中蕴藏的海洋能究竟有多少,虽然至今还没有确切的公认的数字,但普遍估计可供开发的各种海洋能如下:潮汐能约2亿千瓦、海浪能27亿千瓦、海流能0.5亿千瓦、海水温差能20亿千瓦、海水盐度差能3.5亿千瓦。有人估计,如果赤道地区宽10千米,厚20米的表层海水冷却到深层冷海水的温度,从而释放出巨大的热能,并加以利用,就会比全世界一年的能源消耗还要大得多。

中国的海洋能

中国海域辽阔，面积达488万平方千米，约为中国陆地面积的1/2。海岸线长，达1.8万千米。岛屿星罗棋布，共有5000多个岛屿，岛屿岸线1.4万千米。每年入海河流的淡水量约为2万亿~3万亿立方米，这表明中国海洋能比较丰富。海洋能总蕴藏量约占全世界的5%，如果能从海洋能的蕴藏量中开发1%，并用来发电的话，那么其装机容量就相当于中国现在的全国装机容量。

中国海洋能的开发利用起步较晚，但发展最快。自20世纪50年代以来，一批小型潮汐电站建成。1980年浙江江厦潮汐试验电站投产，总装机容量为3000千瓦，名列世界第二。江厦潮汐试验电站的建成，标志着中国在潮汐发电方面进入了一个新阶段，并成为世界上潮汐发电比较先进的国家之一。

中国对海洋能的开发利用主要采取小型为主，实用为主的方针，做到就地发电就地使用。

中国同世界各国一样，提出了庞大的海洋能发展规划，被列为21世纪海洋开发的重要课题。蓝色的海洋之所以引起人们的兴趣，原因在于它与常规的化石能源相比，其特点是分布广、蕴量大、用不尽、无污染。

沼气是清洁能源

沼气就是沼泽里的气体。人们经常看到,在沼泽地、污水沟或粪池里,有气泡冒出来,如果我们划着火柴,可把它点燃,这就是自然界天然产生的沼气。另外,人们也可利用青草、麦秆、秸秆、粪便、污泥发酵,制取沼气,以作能源。

沼气是各种有机物质隔绝空气(还原条件),并在适宜的温度、湿度下,经过微生物的发酵作用产生的一种可燃烧气体。沼气的主要成分是甲烷,约占所产生的各种气体的60%～80%。甲烷是一种理想的气体燃料,它无色无味,与适量空气混合后即可燃烧。每立方米纯甲烷的发热量为3.4万焦耳,每立方米沼气的发热量约为20 800～23 600焦耳。即1立方米沼气完全燃烧后,能产生相当于0.7千克无烟煤提供的热量。

目前,世界各国已经开始将沼气用作燃料和用于照明。用沼气代替汽油、柴油、发动机器的效果也很好。将它作为农村的能源,具有许多优点。例如,修建一个平均每人1～1.5平方米的发酵池,就可以基本解决一年四季的燃柴和照明问题;人、畜的粪便以及各种作物的秸秆、杂草等,通过发酵后,既产生沼气,还可作为肥料,而且由于腐熟程度高肥效也更高;粪便等沼气原料经过发酵后,绝大部分寄生虫卵被杀死,可以改善农村卫生条件,减少疾病的传染。

风也是能源

早在 2000 多年以前，人类就开始利用风的"神力"带动风车引水灌田、碾米磨面，既简便易行，又经济实惠。在交通运输方面，风帆船的诞生，使世界航运航海事业欣欣向荣，为世界文明发展建立了卓著功勋。

世界各国都在开发风能。例如日本的风帆船"新爱德丸"，自 20 世纪 80 年代开始在沿海水域航行运输；荷兰重新成为世界风车的王国；丹麦多年来依靠风力，不仅缓和了能源紧张的矛盾，而且成为世界最大的风车生产国；英国的风力发电至少能满足本国 20% 的电力需要；美国自 1974 年开始执行联邦风能规划，至今拥有风力发电机组 2000 万台以上，总装机容量已达 2000 兆瓦以上。

人们给风能以高度评价："来之即可用，用后去无踪。做功不受禄，世代无尽穷。"

据统计，2.5 万台风轮机，总的发电量能达到 5000 兆瓦。其中美国加利福尼亚州就有 1700 兆瓦的电力，足够满足旧金山市的用电需求量。美国北卡罗来纳州的蓝岭山上，建起的世界最大的风力电站，装机容量为 2000 千瓦，可满足附近 7 个县总用电量的 20%。欧洲是目前全球风轮机应用、发展最迅速的地区。在亚洲，对风能进行开发利用的热潮始于 1994 年，其中尤以印度发展最快。

中国的风能开发

中国幅员辽阔,海岸线长,风力资源十分丰富。有关气象资料表明,中国大部分省、自治区、直辖市,都有雄厚的风力资源,尤其是西南边疆、沿海地带和东北、西北、华北地区,终年多风,有的地方一年内1/3的时间是大风天。有人粗略估计,中国风能总储量为16亿千瓦,其中可以利用的占10%。

中国风能的分布大致如下:

风能最佳区:指风速3米/秒以上,超过半年;6米/秒以上超过2200小时的地区。包括西北的克拉玛依、甘肃的敦煌、内蒙古的二连等地,沿海的大连、威海、嵊泗、舟山、平潭一带。

风能较佳区:指一年内风速超过3米/秒在4000小时;6米/秒以上的多于1500小时的地区。包括西藏高原的班戈地区、唐古拉山,西北的奇台、塔城,华北北部的集宁、锡林浩特、乌兰浩特,东北的嫩江、牡丹江、营口,以及沿海的塘沽、烟台、莱州湾、温州一带。

风能可利用区:指一年内风速大于6米/秒的时间为1000小时;风速3米/秒以上超过3000小时的地区。

中国对风能资源的利用已初具规模。一是目前有8000多架传统风车,主要用于提水灌溉和晒盐。二是用于发电的风力机由1976~1986年的13台,增加到目前的7万多台,主要以50瓦、100瓦、1000瓦、2000瓦的风力发电为主,并正在全国推广。

台风的功与过

台风是产生在热带海洋上的一种猛烈的大风暴，是一种特殊而重要的天气现象。世界上许多地方都刮台风。例如美洲的西印度群岛一带，当地叫"飓风"；南印度洋和大西洋北部的海面上也刮台风，当地人称为"威廉威廉"；还有阿拉伯海、印度、孟加拉湾常刮台风，当地人称"风暴"；在北太平洋西部和中国的南海一带，都常刮台风，它对日本、中国和东南亚一些国家的气候影响很大。每年5月开始刮台风，要到10月才停止，其中7月至9月，是台风最频繁的时候。每当台风来临，在沿海一带形成狂风暴雨、惊涛巨浪，严重威胁沿海人民的工农业生产、海上航运和生命财产的安全。

但是，台风对人类也是有益处的。理论上说，太阳传到地球上的光和热，大部分被占地球表面71%的海洋摄取和贮藏着，因此，海洋成了全球运动的热量、动量和水汽的主要来源地，而台风正是这个源地向外传送的使者。台风年复一年地把海洋的水汽、热量和动量传递到大陆上来，使地球上空的大气有规律地循环。

每年在中国长江下游、珠江三角洲、恒河平原等地的旱季，台风降雨可解除旱情，对农业生产有利。在东南亚地区，台风雨占全年雨量的大半。此外，台风对水稻生长有益，对水利灌溉、水力发电、风力发电都有好处。

优先发展水电

人类最早广泛利用的能源,除了人力、畜力和直接利用太阳能之外,就是水能了。人们所熟悉的水车,一直沿用了几千年。直到19世纪80年代发明电之后,20世纪初才开始开发水电。特别是近30年来,它作为发电能源正进入现代能源资源的行列。许多国家都优先开发水电。法国、意大利水利水能资源开发程度达到90%,美国、加拿大、日本、挪威、瑞士、瑞典、英国等,也达到了40%~50%。

历史上,工业发达国家曾优先发展水电。现在,许多发展中国家也在大力开发水电。因为在常规能源中,水力是理想的能源,它有六大优点:

第一,水力是可以再生的能源,能年复一年地循环使用。

第二,水电成本低,积累多,投资回收快,大中型水电站一般3~5年就可以收回全部投资。

第三,水电没有污染,是一种干净的能源。

第四,水电站一般都有防洪、灌溉、航运、养殖、美化环境、旅游等综合经济效益。

第五,水电投资跟火电投资　差不多,施工工期也不算长,属于短期近利工程。

第六,操作、管理人员少,一般不到火电的1/3人员就足够了。

中国的水能资源

中国地域辽阔，大部分地区雨量充沛，河流众多，水力资源极为丰富。据估计，流域面积在100平方千米以上的河流有500多条，中小河流几乎遍布全国。常年径流总量达2.6万亿立方米，水能蕴藏量为6.8亿千瓦，居世界第一位。其中可能开发的发电量为1.9万亿度，相当于大电厂每年消耗7亿吨标准煤。

据调查，水能资源在西南地区约占全国总量70%；西北地区占12.5%；中南地区占9.5%；华东地区占4.4%；东北及华北地区各占1.8%。

经过普查勘探，条件比较优越的大水电基地就有十多处，其分布如下：金沙江流域，特别是虎跳峡到向家坝一段，是中国水力资源最丰富的地区；从宜宾到宜昌之间的长江干流；四川的雅砻江、大渡河中段；黄河龙羊峡到青铜峡段；华东的闽、浙、赣地区；西江流域的南盘江、红水河和黔江；云南西部的澜沧江中段；湘西的沅水、资水、澧水；贵州的乌江；东北的松花江。

上述水电基地可以开发的水电生产能力约1.7亿千瓦，年发电量为8400亿度，相当3亿多吨标准煤。此外，其他众多的小水电资源蕴藏量为1.5亿千瓦，可开发资源7000万千瓦，年发电量约为2500亿度。

核燃料铀

核燃料就是能够发生核裂变的物质。目前有的反应堆用天然铀做核燃料，有的则用铀-235含量较高的浓缩铀作核燃料。在核电站中，核燃料就像火电站中的煤炭一样，由它进行裂变反应，产生大量的热量，由载热剂（水或气体）带出，在蒸汽发生器中把热量传给水，将水加热成蒸汽来推动汽轮发电机发电。

核能的能量巨大，十分惊人。据计算，1千克铀-235在裂变后可以释放出相当于2500吨优质煤或1000吨石油完全燃烧时放出的能量。1千克铀-235在刹那间迸发出的热量，顶得上2万吨梯恩梯炸药一次爆炸的破坏力。如果把1千克铀-235的能量转变为电能，则可发出2500万千瓦小时的电力。

世界核能资源丰富，广泛分布在陆地和海洋上。世界陆地上的铀矿资源，据估计约在990万～2410万吨之间，其中以北美洲最多，其次是非洲。目前已探明和可采的铀资源约有400万吨。如果包括钍资源在内，则达2600万吨，它们产生的能量可以超过全世界所有探明的其他各种矿物能源资源的总和。

据估计，海水中总共有40多亿吨铀，这个储量相当于8000万亿吨的优质煤，足可以供人类使用几百万年。但是每升海水中只含0.003毫克铀，处理1000吨海水才能提取3克铀，如同大海捞针一般，成本较高。

火山资源

火山爆发时浓烟滚滚,遮天蔽日,常伴随地震或海啸的发生,会给人类造成巨大的灾害。然而,当火山爆发时期一过,却可给人们留下宝贵的火山资源。

第一,火山是科学考察的天然宝库。火山爆发时,把地球深部的物质携带到地表,为地质学家了解地球深部物质提供了方便。

第二,火山岩中蕴藏着许多有用矿产,如黄金、玛瑙、冰洲石等宝石。火山灰中含钾很高,它可增加土地的肥力,是天上掉下来的钾肥。

第三,火山地区大多有丰富的水资源、温泉和地热资源,利用地热发电,是火山赐给人们的新能源。一些火山口湖和堰塞湖又可用来养鱼。

第四,世界上许多火山区,如日本的富士山,美国的黄石公园,意大利的维苏威,法国的维希等,都成了著名的公园和旅游疗养胜地。中国东北的火山区,如长白山、五大连池、镜泊湖等,具有壮丽的山峰,多姿的地貌,幽静的湖泊,奔泻的瀑布,稀有的矿泉、温泉。

土壤能够自净

土壤依靠自身的组成、功能和特性,对介入的外界物质有很大的缓冲能力和自身更新能力,即通过物理、化学和生物化学的一系列变化,使污染物分解转化而去毒,从而保持一定程度的稳定状态。土壤的这种自身更新或自净转化作用,即称为土壤自净。

土壤自净的本领比空气大很多倍。例如,在一片天然的草原中,几乎全部植物遗骸都被土壤分解转化,使营养物质重归土壤贮存起来,以供来年使用。这样年复一年的循环,不仅使土肥保持一定的稳定状态,而且肥力不断提高,这就是土壤自净的结果。土壤自净的反应机理比较复杂:

首先,土壤可通过稀释、扩散、挥发等作用实现自净:土壤是一个具有液体、气体和固体物质组成,疏松、多孔隙的体系,它可以把污气挥发掉,释放到大气中去,可以把液体污物稀释和扩散,或淋洗到耕作层以下。

其次,土壤可通过氧化还原反应,使有机或无机污染物改变存在形态,实现自净。

再次,土壤可通过络合—螯合,离子交换和吸附作用,使污染物被土壤胶体牢固地吸附住,使其一部分不再参与生物物质循环,实现自净。

最后,土壤可通过化学平衡的缓冲作用和生物降解作用,将污染物转化或降解、沉淀或释放,降低其浓度或毒害作用,减轻或消除污染,实现自净。

土壤资源

土壤主要由矿物性固体、有机质、空气和水组成。这四大部分物质是相互联系、相互制约的有机整体,缺一不可。

矿物性固体是土壤的"骨架",也是无机物的来源。土壤中常见的矿物质有石英、长石、云母,还有粘黏粒、粉粒、泥粒等。

有机质是土壤的"肌肉",包括动植物残骸、施入的有机肥料、微生物和经微生物作用所形成的腐殖质等。它们在微生物的生物化学作用下,会发生有机质的矿质化和腐殖化两个过程。当土壤温度高,水分适当和通气良好时,好气性微生物将有机物分解为能溶于水的无机盐类和二氧化碳,即以矿化过程为主;当土壤渍水,温度低和通风不良时,厌氧性微生物将有机物先分解,然后再合成新的物质——腐殖质,即以腐殖质化过程为主。同时,在一定条件下,腐殖质也会慢慢分解,释放出养分。因此腐殖质是土壤的特殊肥效成分。

水分是土壤的"血液",它在土壤中矿物质风化、有机物的分解和物质迁移、转化过程中起着重要作用。土壤中的水来自天然降水和人工灌溉,此外地下水是上层土壤水的重要来源。空气存在于土壤的孔隙中,主要来自大气。另外,土壤中生物化学反应过程中也会产生少量气体。空气影响土壤中物质的物理、化学和生物化学的转化过程。

垃圾可做农肥

垃圾中,特别是生活垃圾中常含有丰富的有机质和作物养分,可以用来改良土壤和成为农肥。据报道,美国每年产生有机垃圾8亿吨左右,其中包括牲畜粪便、秸秆残茬、污泥、食品废物、城市垃圾、木材加工废物、工业有机废物等。这些垃圾含有1352万吨氮,388万吨磷和1004万吨钾。近年来,美国的化肥消耗量为氮肥1064万吨,磷肥245万吨,钾肥485万吨,可见废物中的营养元素含量远超过化肥的消耗量。

垃圾在农业上的利用主要有两方面:一是用来做堆肥,二是做土壤改良剂,用来改良土壤。堆肥是指在一定条件下,通过生物化学作用使来源于生物的有机垃圾分解成为稳定的腐殖质。将城市生活垃圾堆肥施用到农田中,是中国传统的垃圾利用方法,是消纳处理城市垃圾的有效措施。目前,中国每年产生城市生活垃圾5000万～7000万吨,以利用率60%计算,其中含有相当于240万～336万吨的有机物,180万～250万吨的氮、磷、钾养分。把垃圾做堆肥施于农田,既可消除垃圾对环境的污染,又为农作物提供了充足的养分。

许多垃圾具有改良土壤的功能,因而常被作为土壤的改良剂。目前,世界各国研究应用较多的是粉煤灰。粉煤灰可直接掺入农田土壤,以改良土壤和提供肥力。

植物是空调器

植物调节小气候的作用有以下几方面：

一是蔽荫作用。植物的树冠、枝叶可以挡住阳光，减少阳光对地面的直射，又可将部分阳光反射回天空，同时还会将一部分阳光吸收用来合成机体的各种有机物质。植物群落就像蔽荫伞群，构成蔽阴凉棚。

二是蒸腾、吸热、降温作用。植物群的枝叶每天都要吸收、蒸发大量的水分。水变成蒸汽的蒸腾过程中，就从周围的空气中吸收了大量的热量，从而就使周围空气温度下降。据测定，每公顷森林每年要蒸腾8000吨水，同时吸收40亿千卡的热量。树荫下的温度比街道和建筑物低16℃。绿化地区的温度可比没有绿化的地区低8℃～10℃，草坪的温度比广场和建筑物低3℃～5℃。

三是增加空气湿度的作用。植物蒸腾过程中产生的水蒸气，可使周围空气的湿度增高，从而使近地面的空气湿度增高。据测定，绿化地区比没有绿化地区，空气的相对湿度高11%～13%。

四是产生微风的作用。由于植物的降温增湿作用，使其周围的冷空气因密度大而产生水平压力，向热空气区流动。热空气因密度小，在冷空气中的压力下，向天空上升，因此就产生了微风。

污泥也是能源

在科学技术不断发展的今天，污泥也可以成为能源。这是因为，城市下水道污泥中，富含有机物质，其中蕴藏着可观的能量。不少国家已经开始利用厌氧细菌对下水道污泥进行"消化"，然后收集其中产生的沼气作为热源，并将下水道污泥制成固体燃料加以利用。

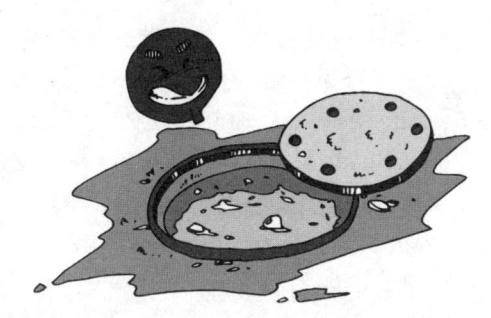

关于下水道污泥作为固体燃料的开发与实用化研究方面，欧洲国家居领先地位。日本东京都能源局利用下水道污泥作为燃料发电的试验也已成功。日本能源科学家还将下水道污泥利用多级蒸发法，制成固体状物，所得到的燃料的发热量为16 000~18 000千焦耳／千克，与煤炭差不多。德国一家化学公司，将工厂下水道排放的废水（其中含10%的普通生活污水）进行处理，将所得到的活性污泥作为燃料。他们在下水道污水中加入有机凝集剂，再用电力脱水机脱去部分水分，加入一定比例的粉煤，最后利用压滤机榨干水分，用这种方法制成的燃料，其发热量大约是9200~10 000千焦耳／千克，并且将其干燥、粉碎后并不影响其燃烧性能。

从下水道污泥中挖掘潜在能源，不仅开辟了能源新途径，还可以从根本上解决城市下水道污泥污染问题。这对改善城市地下水水质有着至关重要的作用。环境科学家有必要重新估计下水道污泥的作用和利用价值，进一步研究下水道污水处理以及下水道水系的设计。

二氧化碳用处多

科学家发现,用二氧化碳保存鲜物,效果很好。如用来保存稻谷,四年后发芽率不变;在装有大米的双层尼龙薄膜袋中,充入二氧化碳气,两年后启封,大半的质量不变,无虫蛀,不发霉。干冰保鲜是当代肉类保存的先进技术,干冰汽化后变成二氧化碳气体,不残留水分,细菌无法生存,所以肉类新鲜,味好,不变色。将水果、蔬菜用塑料袋装封好,充入二氧化碳气,也可保持新鲜。

试验证明,在植物的干物质中,有90%～95%是由阳光和二氧化碳合成的,只有10%左右是来自土壤里的养分。所以,植物的"主粮"是二氧化碳。近年来,世界各国在研究给植物施用二氧化碳气肥,以补充由于空气中二氧化碳气稀少,对植物生长需要造成的不足。据美国实验证明,在阳光充足的条件下,每亩水稻每小时施放7.5千克二氧化碳气,可以增产67%稻谷。

在工业上,二氧化碳的用途就更广泛了。制造清凉饮料需要它,焊接自动化需要它,钢铁部件热处理也需要它。如果用二氧化碳处理铸造水玻璃型砂,不用烘干,砂型可立刻变得干燥坚硬可用来作油井增产处理的多效添加剂,能提高油田的采收率;除此,它还可用来制造尿素、人工降雨等。更有趣的是,在水中加入二氧化碳,可使鱼类"休眠",然后吹入氧气后,鱼类又可苏醒过来。

土地、国土、土壤

土地是地球陆地表面人类生活和生产活动的主要空间场所,也是人类进行物质生产必不可少的生产资料和自然资源。严格说来,土地的概念应包括以下几方面内容:土地是地球的陆地表层,它不包括地壳深层岩石;土地是具有明显地域特征的自然综合体,它是由气候、岩石、水文、土壤和生物互相作用的地球表层。动物、植物和微生物是土地的直接附属物。气候和地下水只影响土地的能力和类型,但它们不是土地构成的因素;土地处于岩石圈、大气圈与生物圈相互接触的边界,是由底层、内层、表层构成的垂直剖面系统。底层是起承载作用的岩石和风化物,内层是由生物、微生物、风化残积物共同作用形成的土壤层。表层是作为土壤直接附属物的动物和植物群体。国土则是指受一个主权国家管辖的自然地域。国土包括一个国家的陆地、河流、湖泊、地下水、领海、领空、矿产等。土地是国土的重要组成部分。

而土壤,是指岩石风化残积物,经过长期的生物作用而生成的,含有有机质和腐殖质,能够生长植物的土地部分,它位于土地的上部,是土地的重要组成部分。

很显然,国土包含土地,土地又包含土壤。三者含义是不同的。

土地资源

　　土地资源是指能够为人类创造财富，生产人类需要的某种植物和动物产品的土地。土地资源是人类的社会财富，具有受人类利用的再生产的经济特征。土地的生产力，按其性质可分为自然生产力和经济生产力。自然生产力是指未受人干预的情况下，大自然具有的生长和繁衍绿色植物的能力，像天然林地和天然草地中的生产力，就属于此类。经济生产力，也称劳动生产力，主要表现在人类对土地限制条件的克服，改造能力和土地利用的集约程度。包括一切人工生态系统，例如农田、经济林、人工草地的生产力，都属于此类。

　　土地资源的质量好坏受地域、气候条件、地质等的影响。土地资源的地域性，主要通过土地上层的土壤表现出来。例如，中国东部地区，由于水热条件和生物群落的变化，土壤从南到北的分布顺序依次为红壤、砖红壤、黄棕壤、棕壤、暗棕壤森林土、棕色针叶林土等。

　　在地球表面上，素有"三山六水一分田"之说，土地在陆地上的分布很有限，而且岩石风化成土壤的速度非常缓慢。在有限的土地上，人类可以利用先进的科学技术和采取各种措施，提高土地生产力。但是，在不合理的利用情况下，土地资源还会产生退化，甚至无法利用，从而减少土地资源的利用面积。

世界土地资源

地球上能够被人类支配的土地大约为1.4亿平方千米，其中耕地0.15亿平方千米，天然草地0.3亿平方千米，林地0.4亿平方千米，城市居民点、工矿交通用地及山脉、沙漠、沼泽等0.049亿平方千米。另外有终年冰雪覆盖的土地0.15亿平方千米，这部分土地不能为人类所利用，因此不算在土地资源之列。非洲是世界上土地资源分布最广的地区，总面积为0.3031亿平方千米，其中耕地和常年生作物用地0.0214亿平方千米，草原和放牧地为0.0822亿平方千米，林地0.0635亿平方千米，其他0.136亿平方千米。其次是亚洲，土地资源总面积为0.2754亿平方千米，耕地和常年生作物用地0.0463亿平方千米，草地和放牧地0.0511亿平方千米，林地0.0542亿平方千米，其他0.1237亿平方千米。

一般说来，人类的生活资源都来自土地，特别是通过人口与耕地的结合，从土地中取得足够的食物产品，如粮食、油料、糖料、蔬菜、水果等，没有这些，人类便不能生存下去。

世界耕地在减少

据联合国环境规划署统计,世界上现有耕地面积13.7亿公顷,约占世界土地面积的10.5%。据估计,到2050年,地球上将不会再增加新的土地资源,人均占有耕地面积仍要从20世纪80年代初的0.85公顷下降到0.6公顷。这是由于人口在增长,而耕地不再增长所造成的结果。相反,更令人担忧的是,世界每年要损失500万~700万公顷的耕地。其中除了城市、工业以及交通对土地的大量蚕食外,森林与草地遭毁,植被遭破坏,造成了大量的水土流失和沙漠化也是其主要原因。自从人类进入文明时代以来,已经损失了大约20亿公顷土地。

首先,水土流失已成为一个全球性问题。全世界的农田每年净流失表土约达230亿吨,而且表土流失的进程还在加快。在美国,每年流失的土壤有30亿吨;中国每年流失水土50亿吨以上。

其次,沙漠化范围很大。全世界约有12亿公顷的土壤遭到沙漠化,其中亚洲面积最大,其次是非洲。全球沙漠面积占陆地面积的1/4。沙漠化每年吞噬2100万公顷耕地。

最后,土地自然退化现象十分严重,使大片土地变成盐碱地或贫瘠地。全世界有10%的土地正在退化或已经退化。

世界处女地

土壤学将地表的松散物质分为三种：其一称土壤母质，这就是岩石的风化产物或风化壳表层物质，不适宜植物生长。岩石在太阳、风、雨、冰雪的作用下，要经过数十年或上百年，才能形成1厘米厚的风化壳表层物质，这种物质因缺少有机质，所以不宜植物生长。其二称自然土壤，即土壤母质经生物、气候、地形和时间的综合作用形成，但未被开垦耕作。其三称农业土壤，即在自然土壤基础上经过人类耕作、施肥、排灌、改良等之后的土壤。这里所说的处女地为自然土壤。

今天，世界耕地越来越少。可是，就在耕地危机严重的情况下，世界上大约还有1/3的土地，总面积为4807万平方千米没有开垦耕种。南极洲占其中的41%，约有1320万平方千米为冰雪覆盖。其余3487万平方千米处女地分布在世界77个国家，均为气候恶劣、环境较差的地域。例如中国的西藏，有200万平方千米土地未开发，约占中国国土总面积的21%。加拿大有640.6万平方千米的土地未开发，占其国土面积的65%。澳大利亚有229.4万平方千米的土地未开发，占其国土面积的29.9%。美国有44万平方千米土地未开发，占其国土面积的4.7%。

水和水资源

水和水资源是两个既有区别，又有联系的概念。水是自然地理环境的重要组成物质，它广泛分布在大气中、海洋里，以及陆地上的江河、湖泊、土壤和岩石内，分别称为大气水、海洋水、地表水和地下水。大自然中存在的水体，多以不同的形态出现，有固体（冰雪）、液体和气体（水蒸气）形式。但是，这些水不可能全部被人类所利用，所以有的未被利用的水就不能成为水资源。

水资源是指当前或将来在一定的经济技术水平条件下，可以某种形式供人类开发利用的那部分水体。对于水资源的利用程度，取决于当时的科学技术，随着科学技术水平的提高，许多过去不能利用的水体，例如未经淡化的海水、含有害物质的水流，经过改造、整治以后，就可以变成有益的水资源。许多单一的、一次性利用的水源，可向综合、重复性利用的方向发展，从而提高水资源的利用率和效能。

水资源主要是地表水与地下水两个组成部分，它们都直接受降水的补给。留在地表的水体形成河流、湖泊，还包括高山地区大面积覆盖的冰雪资源；降水渗入地下河，成为地下水。地表水与地下水又经常互相转化，所以两者是很难分割的统一体。

水资源的类型

地球上的水,有97%~98%是咸水,多是海洋水,只有2%~3%才是人类所必需的淡水。在淡水中有25%以上处于800米以上的地球深层,人类难以取用;有70%以上以固态(冰雪)形式存在于地球的南极、北极和高山之上。便于人类利用的淡水(即水资源),其数量连1%都不到。

按照水的储存方式和分布情况,水资源可分为三类:其一是地表水资源,包括河流水资源、湖泊水资源、冰川水资源三种存在形式,其中尤以河流和湖泊水资源与人类关系最密切;其二是大气水资源;其三是海洋水资源等。

按照水的物理性质分类,水资源可分为淡水资源、热水资源(包括温泉、地下热水等)、卤水资源、固态水资源(包括冰川、积雪等),其中尤以江河、湖泊中的淡水资源与人类的生存与经济发展关系最为密切。

按照国民经济各部门用水的要求,水资源可分为消耗性水资源(主要是指各种工业、农业和人民生活所需水资源)、借用性水资源(是指凭借各种水力做功的水资源,如航运、发电、军事上的特殊利用等)。

目前,世界上许多国家发生的水资源危机,主要是淡水危机。地球上淡水很少,且分布不均,人口增长,需求量加大,再加上水资源污染严重,所以淡水资源短缺。

水资源的有限性

许多人认为,地球上的水是取之不尽,用之不竭的。从理论上看,这种说法是有道理的,因为自然界中的各种水体,包括海洋、冰川、地下水、河流、湖泊、沼泽水、大气水等,在太阳能的作用下,通过蒸发、降水、渗透、径流等环节,周而复始地进行着水循环过程。因而,从整体上来说,地球上的水资源总储量不变。

但是,在实际利用中,水资源却是有限的,这是因为:地球上的水资源在目前的技术条件下不能全部开发利用。例如,在总水量中,海水资源约占97%,由于海水的含盐量很高,不适宜人类生活生产直接利用。尽管有些国家,特别是中东一些富石油国,淡水奇缺,又很有钱,大量采用海水淡化以满足人们对水资源的需求,但对全球来说利用率仍很低。尽管目前少数国家,例如阿根廷、秘鲁曾把南极冰山拖回国做淡水源使用,但数量也仍然很少。所以到今天为止,大量的海水、冰山等水资源仍是"死矿",适于人类饮用的淡水和河流的水量还不到地球总水量的1%,再加上对那些水质较差、开发条件不好的水资源,人们现阶段所掌握的科学技术还不能广泛有效地利用,因而水资源又是有限的,甚至是短缺的。

水资源的分布

国际上通常把年降水量大于或等于 500 毫米的地区，称为半湿润和湿润地区；小于或等于 500 毫米的地区，称为半干旱或少雨地区；小于或等于 250 毫米的地区，称为干旱地区，或无灌溉、无农业地区。这种划分充分反映了水资源分布的时空差异。

世界上淡水资源最丰富的地区是赤道带，水资源较缺乏地区是中东、北非和撒哈拉以南的非洲地区。世界径流最丰富的是拉丁美洲，其次是欧洲、亚洲；径流最少的是非洲。世界径流分布不均，使有些地区水资源非常丰富，甚至经常出现洪水。而有些地区水资源却异常缺乏，用水极为困难。

调查表明，世界上富水国家有冰岛、新西兰、加拿大、挪威、尼加拉瓜、巴西、厄瓜多尔、澳大利亚、美国、印度尼西亚等国。世界上人均占有淡水资源最多的国家是加拿大，每人为 121.93 千立方米／年。贫水国包括埃及、沙特阿拉伯、新加坡、肯尼亚、荷兰、波兰、南非、海地、秘鲁、印度、中国等。世界上人均占有淡水资源最少的国家是马耳他，每人为 0.07 千立方米／年。世界上有 22 个国家的人均水资源拥有量不到 2000 立方米，有 100 多个国家缺水，有 30 多个国家严重缺水，如中东的以色列、约旦、埃及等。

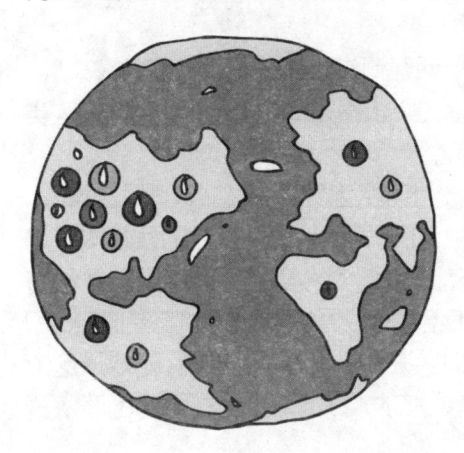

地球上的淡水

水是地球上最丰富的物质之一,也是最重要的、用处最多的物质,无论工业、农业、人类文明发展,都与水有着密切的关系。那么,地球上究竟有多少淡水呢?

据统计,地球上总的储水量约为14.58亿立方千米,总水量为144亿亿吨。它们分布在空气中、海洋、地表、地下,其中海水占78%,可供利用的淡水占总量的2.53%,淡水中68.7%为固态水,分布在两极(南极和北极)及高山地区;31%埋藏在地下,而江河湖泊的地面淡水仅占0.3%,大约为10万多立方千米。加上世界降水量为570万亿吨,能供给人类直接利用水量的上限为50万亿吨。

据1979~1980年的资料,按当时全世界人口为43.5亿计算,人均占有水量为10.795立方米,约合1万吨。若按较科学的食物水平消耗计算,年需水量每人为6000吨,工业和个人及卫生设施用水量最多为4000吨。1997年3月的一份报告表明:"全世界不到1%的淡水,即大约0.007%的水是人类可随手使用的水。"有人比喻说,在地球这个大水缸里,可以用的水只有一汤匙。由此可知,地球上可利用的淡水资源是相当有限的。

水是人体营养素

对人类来说,水是仅次于氧的重要物质,人体的一切生命活动都离不开水的正常代谢。如果人体失水10%,就会有生命危险。据测算,成年人体内的水分约占体重的2/3,即人体重的75%是水,这个比例随着年龄的增长而减少,一个成年人每天水的出入量平均在2500毫升。那么水对人体究竟有些什么作用呢?

首先是溶酶作用。从食物的摄入,到胃肠道内的消化吸收和通过血液循环输送到全身各个脏器,以及到最后变成废物排出体外,每一个环节,都必须有水的参与和调节。

其次是调节体温。人每天饮入2500毫升水的同时,要通过呼吸和体表散发1000毫升的水并带走500多千卡的热量,人就是这样通过水来吸收养料和排除废物,并保持恒定的体温。由于水的比热大,所以水在人体内具有保持和调节体温的作用。当天气炎热的时候,体内热量可以通过体液循环带到体表,由汗液蒸发散失出去;当外界温度低的时候,由于水的屏障作用,体热不会一下子散失过多。

最后,随着年龄的增长,人体内水分的逐步减少,皮肤布满皱纹,水可起润滑作用。同时体内水分还是肌肉、心脏的心包腔和关节腔等器官的润滑剂。

喝纯净水不好

纯净水也称蒸馏水,这种水的成分只含有水分子,而无其他矿物质和有机质。我们平常所喝的"自来水",是天然江河中的水,经过一定的净化处理而成的。自来水中含有上百种无机物和有机物,这些物质一般对人体无害,只有少数对人体有害,大多数物质对人体健康是有益的。

早在20世纪60年代,医学家就发现,心脑血管病的发生与水的"硬度"有关,当饮水中含有较多的矿物质成分时,心脑血管发病率低,而饮水中矿物质较少时,心脑血管病发病率则较高。纯净水中没有矿物质,不能预防心脑血管病,反而可促进心脑血管病的发生。

医学研究表明,2型糖尿病的发生与人体某些矿物质摄入不足有关,尤其与镁、钙、钾离子的摄入不足有关。纯净水中不含矿物质,若以纯净水替代自来水,身体中的矿物质来源就明显减少,不利于身体健康。

不过,纯净水也不是一无是处,纯净水干净清洁,无任何杂质污染,是最佳解渴饮品。人们可以外出旅游时,喝一些纯净水,既解渴又能防腹泻。科学家认为,高品质的饮用水应具备以下6个条件:不含有害物质,矿物质含量比例适当并呈离子状态,pH值属弱碱性,溶氧量高,水分子集团小(溶解小、渗透力强),可清除体内酸性代谢产物及毒物。

生水是补钙品

天然水中含有多种杂质，大致可归纳为悬浮物、胶体及溶解物质。前二者都是一些颗粒，比较大，又容易滤除的杂质；溶解物质的颗粒最小，一般较难滤除，其中含量最多的就是我们人体所需要的钙，水中的钙以钙离子状态存在于水中。地下水如井水、矿泉水和硬水地区的水中钙的含量最高，每升水中大约含有钙100~4000毫克。一般地区的自来水中，钙含量较低，每升水中大约含有钙50~100毫克。补钙就须饮生水，生水中含有人体可以直接吸收利用的钙。

生水中，钙、镁、磷、氯、钾、钠等矿物质巧妙地结合，而且都呈人体最容易吸收的离子状态，为人体提供了天然的、廉价的、取之不尽的微量元素。在加热的过程中，它们各找对象，纷纷与其他物质相结合，成为新的不易被人体吸收的化合物，轻易地被人们丢失。水在高温条件下，为某些杂质提供了有利的反应条件。水中钙的含量最多，钙也最容易与其他物质起化学反应，转变成为难溶于水的物质而析出，水壶内沉淀的白色物90%都是钙的化合物，主要有碳酸钙、硫酸钙、硅酸钙等。这些矿物质不但失去了活力，人体不便于吸收利用，而且留在壶里成为一害。

向冰山索取淡水

冰山淡水十分纯净,近似蒸馏水。有人发现,不断有冰山脱离南极大陆,向北漂移,经过数年,完全融化在温度较高的海水中。可以说南极的冰山其数量之大,几乎不可言状,一些冰山脱离南极坠入海洋,后来又有冰山在生成。北极的冰山就与南极不同,不仅体积小,而且奇形怪状,稳定性极差。

早在1886年,就有人从南极把小型冰山用拖船拖到阿根廷。1890年又有一艘帆船把一座冰山从智利拖到3840千米远的秘鲁,以解决淡水资源不足的问题。

在近几年举行的一些相关国际会议上,专家们取得了这样一致的看法:利用现有的技术条件,拖运冰山是可以实现的。有关这方面的理论研究和应用研究正在进行。拖运冰山需要先取得对冰山组成(雪、晶冰、冰)、内应力、内部裂隙分布等的认识。拖运冰山到达目的地,一般要经过数月,因而需要设法保护冰山,使其不受海水的溶蚀和海浪、水流的磨蚀。

拖运冰山在经济上合算吗?要弄清这个问题,就要先算一笔账。采用海水淡化方法获取1立方米淡水价值80美分,而获取1立方米的冰山淡水,即使在最不利的情况下也才价值50~60美分。

雪水更宝贵

雪是很贵重的，无论是对人体健康、净化环境、农业增产，都有很好的作用。明代药物学家李时珍在《本草纲目》中说："雪洗也。洗除瘴病、虫蝗也。""腊雪甘冷无毒，解一切毒，治天行时气瘟疫，小儿热痫狂啼，大人丹石发动，酒后暴热。煎茶煮粥，解热止渴。"说明雪是杀虫灭菌解热的良药。

雪花是六边形的晶体，被融的雪水也充满了这些冰晶。经研究证明,用雪水防治动脉粥样硬化是有效的。随着人的年龄增长,体内冰结构水不足,可能加速人的衰老。如果把雪水煮沸清除气体后,再很快冷却,它的生物动性还可能更大一些。中国科学家把28只下蛋母鸡分为两组,一组饮雪水,一组饮普通水。在3个月中,饮雪水的14只鸡平均每只下蛋38个,每个重50克还多;饮普通水的14只鸡平均每只下蛋19个,每个重不足50克。结论是用雪水饮母鸡,下蛋率提高一倍。

科学家考察发现：雪水有催芽作用。用雪水浸泡种子,有增产效果。春小麦可增产4%,玉米增产9%,高粱增产11.7%等。

雪水为什么这样宝贵呢?化学分析证实,雪水中重水比普通水少。重水具有放射性,对生物的生命活动有很强的破坏性。雪水中的氮化物比普通水多4倍,对生物生长有益。

水也会衰老

世界上万物都受新陈代谢的客观规律支配。水也一样,逐渐会变得衰老。那么,水究竟是怎样衰老的呢?

原来,水分子是链状结构,水在漫长的岁月中,如果不经常运动,这种链状结构会不断扩大、延伸,即成衰老之水,俗称"死水"。这种衰老的水活力很差,进入植物和动物体内,会使细胞的新陈代谢明显减慢,影响其生长发育,一般用肉眼难以区分,只有通过科学化验才能辨别。那么,出现了衰老的水怎么办呢?为了保持水的青春,使衰老的水恢复青春,必须把水分子的长链击碎。俄罗斯科学家研究出一种"水链分裂器",形同石磨盘状,像碾米、磨面一样专用来磨水,它用电器带动,分裂器能把衰老水的长链击成短链,使其恢复青春。自然界中也有天然的分裂器,这就是"龙卷风"。数亿万年前,地球上的水青春常驻,是由于龙卷风频频发生,延长和扩大的长链水分子经常被撞击得支离破碎。可是近代地球气候发生了很大变化,每年的龙卷风次数大为减少,这就加快了水的衰老。凡用科学处理的"活水"养鱼,比普通水养鱼生长速度高25倍,并且用活水浸泡的植物种子,其发芽率也比普通水浸泡的种子发芽率高。恢复青春的水能促进动植物生长发育,加快细胞的新陈代谢。

瑞雪兆丰年

"瑞雪兆丰年"是一句农谚,即冬天下大雪,是来年庄稼丰收的预兆。仔细分析起来,这句谚语是有一定道理的。首先,冬天开始下雪,正是寒流开始南下的时候。此时,大地的暖空气还没有被寒流赶走,庄稼在温暖的土地上生长。下雪的时候,天空浓云密布,像被子一样遮盖着大地,阻止地面热量向外散失,有利于庄稼过冬。其次,等到雪过天晴的时候,寒潮已经降临,霜冻也加重了。可是这时,庄稼却被厚厚的一层雪覆盖着,雪本身比较松软,雪中还蕴藏着许多不流动的空气,就像给庄稼盖了一床棉被一样,外面天气再冷,地表面的温度也不会降得很低。等到寒潮过去以后,天气渐渐回暖,雪逐渐融化,这样既保住了庄稼不受冻害,而且雪水融在土壤里,还可以给禾苗浇灌水。再次,雪中还含有很多氮的化合物。据观测,如果1升雨水中能含1.5毫克的氮化物,那么1升雪中所含的氮化物能达7.5毫克。在融雪时,这些氮化物被融化的雪水带到土壤中,成为很好的肥料。同时雪水的重水比雨水中的重水少得多,重水具有放射性,对植物的生长不利,这正是用雪水浇灌庄稼的优点。另外,雪水融化时要耗去不少热量,会使土壤降温,可以把土壤表面和庄稼根部的一些害虫冻死,虫害就减少了。

水温的类型

依照水的温度状况,可将水分为6类:即过冷水,水温低于0℃;冷水,水温在0℃~20℃间;温水,水温为20℃~37℃;热水,水温为37℃~50℃;高热水,水温为50℃~100℃;过热水,水温高于100℃。

水的温度像气温一样,随着所处的地理环境而变化,随着水的深度增加而略有降低。

水在结冰之前,水温要降到比0℃低一些,这种现象叫作过冷却,所形成的水就叫过冷水。这种水多见于冻土层以下的地下水中,大气中的过冷水也比较常见,云就是过冷水滴和冰晶的混合体。从理论上说,水中如果没有尘埃物质,可以低到-90℃而仍然保持液体状态。事实上水中不可能没有尘埃,所以过冷水很少。

地球表面上大部分的水都是0℃~20℃的冷水和20℃~37℃的温水。海水、河水、湖水等地表水的水温随着一年四季的气温变化而变化,但由于水的比热容比空气的比热容大得多,因而水温变化比气温小。

热水、高热水和过热水,一般都出现在地下。在地壳中存在的连续水圈中,上部(地下5~35千米)为热水圈。地下热水圈大致可分为3个带:温度低于100℃的地下热水带;温度高于100℃的过热水带;温度大于375℃的超临界温度的过热水带。有人估计,地壳中热水的数量约为7亿立方千米。

淡水和咸水

按水中含盐类物质的多少,可将水大致分为5种:淡水,溶解物质不足1克;微咸水,溶解物质1~3克;咸水,溶解物质3~10克;盐水,溶解物质10~50克;卤水,溶解物质大于50克。

地球表面绝大部分水都属于咸水或高矿化度水,占地表面积71%的海洋中的海水,全是咸水,在地下有矿化度很高的盐水和卤水,淡水仅占总水量的2.7%左右,这是地球上生命诞生和维系的基本物质,也是人类生存至关重要的物质。地球上的淡水中有3/4是以冰川形式赋存于高山和南极、北极地区。

在淡水中,可依据水中主要阳离子的类型,将水分为"硬水"和"软水"。通常将含有较多的钙、镁和铁盐的水,称为硬水。这种水可与可溶性肥皂反应,生成不溶性肥皂,它们黏附在纤维上,因而用硬水洗衣服不易洗干净,这时需要用合成洗涤剂代替肥皂。加热硬水时,水中溶解的矿物质会沉淀为水垢,水垢是不良导体,它在锅炉中聚集到一定程度,就会引起锅炉爆炸。因此,必须及时地把锅炉停下来清除水垢。

与硬水相比,人们把含有极少量或不含有钙和镁盐的水,称为软水。软水对人们生活和工农业生产,都有十分重要意义,而且是必需的和不可代替的物质。

鲜为人知的水

水从相变的角度可以分为固态水(冰)、液体水和气体水(水蒸气)。按水在地球上存在的部位,可以将水分为大气水、地表水、土壤水、植物水、地下水等,这些水体形式的转化是近年来水文科学研究的重要方向之一。

此外,自然界还有一些特异的水。在一定的流速下,通过强磁场的水,称为磁化水,这种水可用来清除水垢。如果用来灌溉农作物,可以加快作物生长。近年来研究表明,这种水对人体循环系统、消化系统都有益处。因此,市场上曾一度有出卖磁化水的。

如果把颗粒直径为微米级的铁氧体磁粉,在皂化剂的作用下溶解在普通水中,这种水称为磁水。磁水的密度比水大,浮力也很大,甚至钨球都可在磁水中浮动。

在工业和日常生活中还有一种银质水。古代,波斯国王远征时,就把水储存在银器里;古印度人曾把烧红的银浸泡在水里,他们这样做是为了消毒,消除水中致病的微生物。现在银质水广泛应用于国内外,如装制黄油罐头、人造奶油、蛋乳、牛奶、混合药水、矿泉水和果汁。银质水还被用于医疗卫生,诸如医治胃肠疾病、溃疡病的发炎和化脓过程、胆囊炎、眼疾、鼻咽炎、烧伤等。

使用硬水害处多

　　自然界的水，无论是泉水、井水、河水、湖水、海水中都溶有各种矿物质。水流经哪里，总把里的可溶性物质带进水里。形成硬水和软水。那么，什么样的水叫硬水，什么样的水叫软水呢？这主要是根据水中钙盐、镁盐含量的多少确定的。通常把100升水含有的氧化钙或氧化镁的量称为1度。这样，从0到4度的水称为软水，8～12度的水称为中硬水，18～30度的水称为硬水，30度以上的水称为极硬水或最硬水。通常还把溶解在水中的全部钙盐和镁盐组成的硬度称为总硬度。饮水水质的总硬度不得超过25度。

　　水的硬度有暂时硬度和永久硬度之分。暂时硬度的水加热就可软化，永久硬度的水软化时必须加小苏打、石灰、氨水、草木灰等。

　　硬水给人们的生活带来了许多不方便。直接用硬水洗衣服，硬水里的钙盐、镁盐和肥皂起化学反应沉淀在衣服上，使得衣服发黄、发"锈"，衣服纤维也容易被破坏。用硬水做菜做饭也不容易煮熟。

　　硬水有许多害处。饮用时味道苦，通常叫苦水。用极硬水灌溉农田，会使土壤中的可溶铁量降低，引起植物的缺绿病。这是因为植物进行光合作用时，不能缺少铁。食品工业以及饮料制作，如果使用硬水，就会增加水处理费用，致使产品的成本提高。硬水容易使锅炉结成水垢，不但阻碍传热，更可能引起锅炉爆炸。

矿 泉 水

从地下自然流出来的泉水，含有一定量的矿物质、气体、放射性物质，以及具有一定的温度，这就是矿泉水。现在习惯上把人工开采出来的矿水，也称为矿泉水了。矿泉水的种类很多，有工业矿泉水、农用矿泉水、医疗矿泉水和饮用矿泉水（或叫饮料矿泉水）。饮用矿泉水是饮后有益无害，其中更有饮用后可起医疗作用的矿泉水，被人们视为优质矿泉水。

对于矿泉水，按国家规定有以下标准：其一，必须是地下水的天然露头或人工开发的地下水源；其二，水中含有不少于每升1000毫克的溶解无机盐类，或者含游离二氧化碳在每升250毫克以上，或者含有对人体健康有益的成分；其三，水的微生物特点应符合世界卫生组织规定饮用的国际标准。

可见，真正的矿泉水并不多，这是因为矿化度要达到每升1000毫克，或游离二氧化碳超过每升250毫克（普通泉水含二氧化碳只有每升40毫克）是比较少见的。

在口味上，矿泉水不同于甘甜清爽可口的山泉水，它多有辛辣味。矿泉水中含有较多的锂、锶、硒、锌、铁、锰、钼、铬、硼、碘、溴、氟，以及碳酸气等，能补充人体所需的微量元素，因此，常饮矿泉水有益于人体健康，可以防止和治疗某些疾病。所以矿泉水是一种宝贵的、不可多得的资源。

医疗矿泉水

矿泉水分为医疗矿泉水和饮用(饮料)矿泉水。医疗矿泉水是指其中含有的各种化学成分,可适用于人类医疗保健作用,并对机体不会造成不良影响或损害的矿泉水。国际上将医疗矿泉水划分如下:氡泉,指在1升泉水中,氡的含量在3毫微居里以上;碳酸泉,在1升泉水中,碳酸气的含量在1克以上;硫化氢泉,在1升泉水中,总硫量在2毫克以上;铁泉,在1升泉水中,铁离子(二价铁加三价铁)的含量在10毫克以上;碘泉,在1升泉水中,碘离子的含量在5毫克以上;溴泉,在1升泉水中,溴离子的含量在25毫克以上;砷泉,在1升泉水中,总砷量在0.7毫克以上;硅酸泉,在1升泉水中,硅酸的含量在50毫克以上;重碳酸泉,在1升泉水中,总固体成分在6克以上;硫酸盐泉,在1升泉水中,总固体成分在1克以上;氯化物泉,在1升泉水中,总固体成分在1克以上。

饮料矿泉水

饮用(饮料)矿泉水是指矿泉水作为瓶装饮料而言,是一种清凉饮料或佐餐饮料,也可作为水的基本原料配制成各种营养饮料、果汁饮料等,饮后有益无害。根据饮料矿泉水化学成分的不同,可划分为碳酸氢钠泉、重碳酸碱土(以钙镁为主)泉、食盐泉、硫酸盐泉和单纯温泉(可用于特殊用途的饮料矿泉生产)等。

世界上瓶装矿泉水品种繁多,大体有如下几类:一是,天然矿泉水(在产地直接装瓶或除去某些超标组分后装瓶);二是混合矿泉水(采用几种矿泉水配制,其生产工艺多数保密);三是矿泉水饮料(以矿泉水为基础,添加果汁、糖、香精、蜂蜜等调制而成)。此外,还有仿制矿泉水,也称人工合成矿泉水。

矿泉水的评价,除论证产地的水文地质条件外,应当从化学成分、微生物学和品评等方面综合了解矿泉水的品质,并且要观察矿泉水的瓶装稳定性。对于饮料矿泉水的水质标准,现有世界卫生组织饮用水标准、欧洲共同体饮用水标准、美国水质标准、日本水道协会标准等可供参考。中国也制定了有关饮用水质的国家标准。总的要求必须是无毒、无害、无污染,符合饮用水标准,又能起到医疗保健作用。因而必须作常量元素、微量元素、气体组成、放射性、毒性指标、细菌的物理分析等。

河流与人类

河流与人类的进化紧密相连，息息相关。在原始社会里，人类的祖先都是依山傍水而居，开辟衣食之源。黄河和长江孕育了伟大的中华民族。世界上古代文明的发祥，无不与河流相关，比如非洲的尼罗河，位于西亚的幼发拉底河和底格里斯河、印度的恒河，孕育了古埃及、巴比伦和印度的灿烂古代文明。

河流将丰富的水流输送给地球每一个角落，滋润着地球上的生命。河流对地球上生命的价值，并不亚于人体中的血液。因此，有人把河流比喻为地球的大动脉。

河流提供的丰富水源，滋润着广大面积的农田，保证了农业生产的丰收。例如，长江从江源到入海口，浩浩荡荡自西向东流经10个省、自治区、直辖市，加上它700多条支流，汇集成一片拥有180多万平方千米流域面积的广大地区，成为中国最富饶的农业生产基地。

湍急的水流，潜藏着巨大的能量，为人类提供了丰富的动力资源。源远流长的河道，给人类铺设了费用低廉的天然航线，成为沟通东西南北交通的大动脉。物体在液体中所受的浮力大小等于物体所排开的液体的重量。这定律是由古希腊著名的学者阿基米德发现的。人们根据浮力原理，制成了各种船只，畅游于滔滔江河或是波涛万顷的海洋之中。

湖泊的水利资源

湖泊是自然资源的重要组成部分，它蕴藏着丰富的水利资源，例如水电、灌溉、航运和对洪水、枯水的调节作用。湖泊水是重要的水源，为农业灌溉、工业生产、城乡人民生活等提供了宝贵的水源。作为人工湖泊的水库，它对工农业生产、城市供水的作用是十分明显的。

湖泊、水库可以调节河川径流量。供水季节能够降低洪峰流量，蓄积水量；枯水季节能增加河川径流，排泄水量。例如，1954年长江中下游发生大水，当时，进入鄱阳湖的最大洪峰流量为48 500立方米／时（6月17日），而泄水量却只有22 500立方米／时（6月20日），不仅大大削减了洪峰流量，而且使洪峰滞后了3天，在很大程度上减轻了下游的防洪压力。

湖泊蕴藏着丰富的水力资源。世界上有不少高原和山区湖泊的水力资源，已得到了人类的开发利用。美国和加拿大之间的五大湖面高差分成三级，最低一级与最高一级间的高差达99米，蕴藏着丰富的水力资源。

湖泊能够提供便利的水上交通。湖泊蓄水量大，运输量也大，费用低廉，湖泊航运有力地促进着城乡间的物资交通。中国东部的江淮中下游一带，洞庭湖、鄱阳湖、巢湖、洪泽湖、太湖等与江河相通，构成了水上交通网。

湖泊的生物资源

湖泊是孕育水生物、植物的天然场所。例如中国湖产鱼类就有200多种，其中大型鱼类产量很高，而且具有重要的经济价值。鲤鱼、鲫鱼是湖泊中最常见或最主要的鱼类，如梁子湖鲤鱼占湖鱼产量的40%左右；鄱阳湖和乌梁素海的鱼产量占总鱼产量的50%左右；青鱼、草鱼、鲢鱼、鳙鱼是中国特有的经济鱼类，鱼肉嫩，味道美，生长快，体重可达35～40千克，在淡水湖中有广泛分布。

淡水湖中栖息的水禽和淡水湖泊中盛产的虾、蟹、贝类，也是一项经济价值较大的资源。

湖泊生长的水生维管束植物，如芦苇、蒲草等，不仅是手工编织的原材料，而且是造纸、纤维等工业的原料。水生植物还给农业提供肥料、饲料和给水生动物（如鱼类）提供饵料。此外，湖泊中的莲、藕、茭等，都是富有营养的副食品，有的还可入药。

湖泊中还蕴藏着极其丰富的盐类资源和矿物资源，具有重要的经济价值。中国青藏、蒙新地区的咸水湖和盐湖，盐的种类齐全，储量较大，开采便利。

湖泊周围景象秀丽，是重要的旅游和疗养胜地。

冰川是淡水水源

冰川有大陆冰盖和山地冰川两种。地球上有两大冰盖，即南极冰盖和格陵兰冰盖，它们占世界冰川总体积的99%，其中南极冰盖占90%，南极大陆除个别高峰外，几乎全部为冰覆盖。格陵兰是世界最大的岛屿，约有83%的面积为冰川覆盖。山地冰川广泛分布于不同纬度的山区，其中主要分布在高纬和中纬山区。

冰川所包含的固体淡水，占淡水的70%以上，世界上许多大河的发源地都在冰山脚下，冰川融化的水就是河源的水源。所以，科学家认为，冰川是自然界重要的、有很大潜力的淡水资源。

冰川水质良好。亚洲中部干旱区在相当程度上依赖着高山冰雪融水。在水能利用高度发展的阿尔卑斯山区和挪威，有大量水库修建在冰川末端以下的河谷中，蓄积冰川融水发电。瑞士能源有一半以上靠冰川融水发电。为了增加春旱间的灌溉融水，中国和苏联等国家做过冰雪消融的人工调节试验。许多冰川景象绮丽，吸引着众多的游客。冰川对于干旱缺水地区，有着重要的战略意义。

冰川在水文循环中也有巨大的作用，冰川接受大气固态降水，补充河流和海洋，少量蒸发以后，直接返回大气。冰川有多年调节作用，在干热年份，扩大消融，大量融水补给河流；在湿冷年份，增加积累。

中国的温泉

中国是世界上温泉最多的国家之一，全国已知的温泉达到2600多处，分布最密集的地区是西南部及东南部的几个省区，如西藏、云南、广东、福建等地，温泉出露最多，约有1600多处，占全国已知温泉总数的60%以上，而且泉水温度高，是中国高温热泉分布区。其次是湖北、湖南、江西、四川、新疆、山东、河北、辽宁、吉林等地，温泉分布也相当多。

根据中国的地质构造和温泉分布的特点，有关科学工作者将全国分为6个地热带：滇藏地热带（包括云南西部、西藏南部的雅鲁藏布江流域）、台湾地热带、东南沿海地热带（包括江西东部、湖南南部、福建、广东等省）、胶辽地热带（包括山东、辽宁及其南北延伸地带）、川西—滇北地热带（四川西南沿雅砻江、大渡河、安宁河谷向南直达昆明以南地区）和汾、渭、张北地热带（包括汾、渭谷地，大同火山和张北围场玄武岩高原）。

经勘查，中国地热水总放热量每年相当于380万吨标准煤。中国可采地热资源相当于2000亿吨标准煤。中国西藏羊八井地热田，已于1977年建立了一座6000千瓦的热电站，已向拉萨送电。

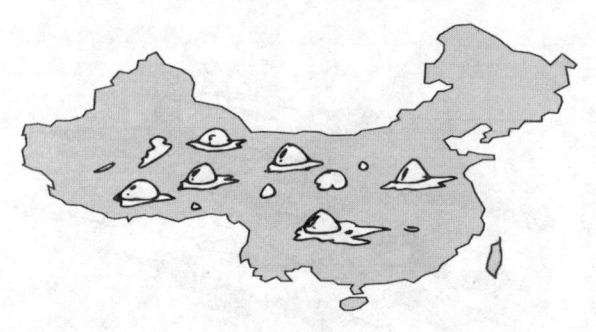

海洋工程

人类利用海洋大约已有几千年的历史了，但在20世纪以前，由于受到技术水平和习惯势力的影响，人们总是把陆地作为资源开发的重点，而未能全面地研究海洋。所以长期以来，人类对海洋的利用也只是捕捞海生动植物、利用海水制盐、海上航运等，而且规模较小，技术也是较低级的。

进入20世纪以后，一些科研工作者比较重视海洋研究。到了20世纪70年代，由于人口增长所造成的食物、能源、材料甚至淡水的缺乏，引起了世界各国对海洋的普遍关注。于是一些发达国家加紧了制定研究和开发海洋的计划，并给予了大量投资，在此基础上还发展起来一门现代的新兴科学技术——海洋工程。人类从此吹起了向海洋全面进军的号角。

海洋工程是全面深入地开发各种海洋资源的一门科学技术。在海洋工程当中，除人类直接利用的资源开发工程外，还包括河口整治工程、石油钻探工程、港口航道工程、围垦工程、养殖工程，以及各种涉海工业和基本建设工程等，这些工程统称海洋工程。因为上述工程多在海岸带进行，又称为海岸工程。海洋工程重点开发海洋生物、海底矿藏、海洋能源、海水资源、海洋空间等。

海洋与人类

海洋是生命的摇篮,生命在这里诞生和发展,原始的单细胞生物完全在海水中繁衍、进化。人类诞生以后,海洋为人类提供了多种多样的丰富资源,成为人类巨大的天然宝库。

生命起源于海洋,这是近代生物学研究的成果。由于海洋的存在,生命得以生存、进化和发展。海洋面积占地球面积的71%,而且水体很深,所以海洋能够控制地球气候,调节地球大气的温度和湿度,因此有人说,海洋是地球上巨大的"空调机"。例如,厄尔尼诺现象出现使太平洋赤道水面水温升高,水位明显上升,造成洋流变化,从而给气候带来了一定的影响。又如,拉尼娜现象出现时,太平洋东部和中部海水温度降低,气候就会发生"冷事件"。

海洋中的巨量海水,参与地球上的水循环,才使得在人类生存的陆地上,有源源不断的淡水资源。海洋占有地球表面97%的水体,在太阳热能作用下,水从海面、河湖水面、陆地表面和植物叶面不断蒸发和蒸腾,变成水汽升到大气层中,在适当条件下,遇冷凝结成雨或雪降落回地面。

海洋中的藻类每年产生360亿吨氧气,为大气含氧量的3/4,同时,吸收着大气中2/3的二氧化碳,从而保持着大气中气体成分的平衡,维持地球上的生命。

海洋生物很多

据生物学家统计，地球上有80%的生物资源来自海洋。海洋中有2万种植物，这是由于海洋环境的限制，虽然种类没有陆地上多，但其数量却相当可观，可以说，海洋植物是海洋里的"草原"，是海洋动物的天然"牧场"。海洋中的动物有18万多种，总重量约1350亿吨之多。如果能够持续保持海洋的生态平衡，海洋每年可向人类提供30亿吨高蛋白的水产品，至少可供300亿人食用。

海洋鱼类经济价值很高。假如我们每年能够捕捞1000万吨鱼，它的肉量约等于3000多万头牛（以每头牛产肉量360千克计），或等于1亿多头猪（以每头猪产肉量100千克计）。

世界人口消费的动物蛋白，每年大约6300万吨是从海洋中获得的，占全部动物蛋白消费量的15%。仅南极附近海域磷虾，估计就有10亿~50亿吨之多。所以说，海洋是一个巨大的高蛋白食品库。

人类对海洋生物资源的开发利用有着悠久的历史。但是直到现在，对海洋开发利用的范围还是很狭窄的，以干品计算，海洋也只能为人类提供1%~2%的食物。随着捕捞技术的逐步现代化，海洋水产资源的捕获量也在逐渐增加。从1950年以来，海洋捕鱼从1760万吨增加到20世纪80年代末的8400万吨。

建设海洋牧场

海洋水产资源虽然十分丰富,但绝不是取之不尽,用之不竭的。要开发利用海洋资源必须改变那种海洋里有什么就捕捞什么的传统,走出一条海洋农牧化的道路。海洋牧场是海洋畜牧化的重要形式,主要是海洋牧鱼,即先将人工培养的鱼苗放入海洋牧场放养,通过一定的技术措施让其洄游,然后到长大够重量时进行捕捞。这样做的目的是充分利用海洋的自然生产力,扩大人类利用和获得海洋资源的能力。

海洋牧鱼的形式根据牧场形成因素与人工的关系分为"人造牧场"和"自然牧场"两种类型。人造海洋牧场的类型包括沿岸牧场、围网牧场和气泡帷帐等。正在研究的有电子牧场,通过鱼类在电场中活动的特点,造出一种既能阻止鱼类穿行又不致击死鱼类的"电栅栏",用这种"电栅栏"在海洋中圈定一个个海洋牧场。此外,人类正向利用化学、声学隔离的办法来圈定海洋牧场的方向努力。

海洋自然牧场是指在海洋中存在的一种自然生态"栅栏"。在自然牧场中牧鱼要比在人工牧场中牧鱼困难,必须通过饲养、移植、驯化、环境改造等技术措施使鱼类能够定期洄游,以便捕捞。

海水灌溉农作物

目前,科学家探索用海水直接灌溉农作物,一方面寻找既可用海水直接灌溉,又可作为粮食的天然植物;另一方面是根据咸土生长的盐生植基因,改良现有甜土粮食作物的品种,使之能适应海水浸泡的生态环境,成为喜盐农作物。美国亚利桑那大学的研究人员从1000多种靠海水浇灌生长的天然植物中,挑选出一种名叫SOS-7的品种。尽管它不能像海带那样可供人直接食用,但其果实可加工成类似麦片的主食,或榨取油料。

1991年,亚利桑那大学的R.韦克斯在完成了一种耐寒生植物——盐角草属的杂交种试验之后,又在潜心研究高粱种子基因,通过选择育种和遗传工程,改变甜土高粱种子的基因,使之适应咸土的生态环境。美国农业部的学者将高粱与一种非洲盛产的苏丹草杂交,得出一种独特的杂交种——苏丹高粱。这种粮食植物根部分泌出一种酸,可快速溶解土壤中的盐分而吸收水分。美国盐浓度实验室又培育出一种西红柿新品种,这种西红柿与日常食用的西红柿毫无两样,但维生素含量更高一些。

意大利、日本和突尼斯等国,都在试用海水直接浇灌,并已有收成的记录。他们发现,用海水直接浇灌的农作物,不仅没有受到损害,反而长得更茂密,不过必须改良现有的甜土作物品种。

海洋农场

海洋农场：这是目前海洋空间开发的热点之一。水深200米的大陆架或浅海区域，是阳光容易穿透海水，直射海底的地方，这正好为海底植物的光合作用提供了良好条件。来自江河湖泊的营养物质也在此汇集，供各种海藻生长繁衍。将海藻养在此地，这儿便成了理想的"海洋农场"。

据计算，仅在近海中增长的藻类，年产量竟为全球小麦的20多倍。养殖1公顷海藻相当于种植40公顷大豆的收益。所以科学家们断言：海藻是人们开辟未来前沿"耕地"——海上农场最理想的农作物。

目前有些海洋空间利用技术发达的国家，又设计了更加完善的深海农场系统，在长满绿色海藻的农场上建有动力定位的中央生产平台，平台上设有太阳能发电厂、海藻综合加工厂和农民生活居住区。平台四周伸出若干个呈辐射状的巨型杆架，杆架上用尼龙索具吊挂着沉入水下15米深处的藻类"种植桩"。以波浪发电为动力的水泵，把海底培养的盐水提到上层，为海藻之王——巨藻生长提供营养海水。这种深海农场既具备良好的光合作用条件，又不会受到干旱和霜冻的威胁，更不用年年播种，因为海藻会像韭菜一样割了又长，长了再割，一年可收3~4次。海藻生长茂盛，有利于各种微生物繁殖，为鱼类栖息繁衍提供了场所。

海底石油多

据估计,海底蕴藏石油1300亿吨,而且还不断有新油田被发现。据1979年统计,世界近海已探明石油可采储量为220亿吨,大然气储量为17万亿立方米。目前世界上已发现的油气田,大都分布在浅海陆架区。

到20世纪末,已在全世界发现1600多个海洋油气田,其中200多个已投入生产,其中70多个是巨型油田。储量超过1亿吨的特大油田有10个,天然气储量超过1亿立方米的特大气田有4个。10个特大油田中有7个在波斯湾,1个在美国,1个在委内瑞拉,1个在刚果。特大气田中3个在波斯湾,1个在荷兰。

根据油田位置划分,全世界有8个大油气区:首先是波斯湾,其储量120亿吨,是近海石油的主要产地,全世界30%～40%的海洋石油都产自这里。其中沙特阿拉伯是最大的近海石油生产国,占世界近海石油产量的22%～23%;其次是阿拉伯联合酋长国;最后是墨西哥湾,日产原油14.6万吨,天然气3.7亿立方米,居世界第三位。北海探明储量28.5亿吨原油,2万亿立方米天然气,目前年平均日产原油30万吨。马拉开波湖内储油50亿吨以上,世界十大油田之一的波利瓦油田就在此湖中,日喷油1.4万多吨等。中国近海石油资源丰富,储量可达50亿～150亿吨,浅海陆架上占1/2,可与沙特阿拉伯相比,并可成为东亚重要的海洋石油国。

海底锰结核

遍布全世界海底的多金属结核,又叫锰矿球或锰结核。它分布在世界各大洋海底水深 3500~6000 米的海底表层,在海底软泥中埋藏很浅,仅 1~3 米深,易于开采。早在 1873 年"挑战者"号环球考察船首次从海底捞到锰结核。1967 年"阿鲁明诺"号潜艇采到过 90 千克重的锰结核。1955 年从菲律宾海沟又捞到一颗重 850 千克的大结核。当今最大的一颗是从夏威夷岛西部水下 3800 米海底捞到的,重达 2000 千克。

多金属锰结核是一种暗褐色,形如土豆的结核状软矿物体,结核直径一般 3~7 厘米。内有海底火山岩屑和鲸鱼耳骨等组成的核心,核外被清晰环带状物层层包裹。其化学成分有锰、铁、镍、钴、铜等 28 种化学成分;它们高出地壳的平均含量 46~274 倍,高出海水含量 100 万倍。这正是备受人们青睐之处。

锰结核储量大,据估计总储量约为 3×10^{12} 亿吨。仅太平洋就达 16 600 亿吨,其中含锰量高达 2000 亿~4000 亿吨,镍 90 亿~164 亿吨,铜 50 亿~88 亿吨,钴 30 亿~58 亿吨,可供全世界开采千年以上。而且锰结核是逐年增长的活矿床,它每年增长 600~1000 万吨,速度超过人们对锰、钴、铜金属的消耗率。锰的生长速度比人们的消耗速度快 3 倍,钴和铜为 4 倍,因此洋底多金属结核矿不仅不会因开采而减少,反而会越来越多。

海盐的生产

海水中含氯化钠——食盐最多,其总储量约有4亿亿吨。全世界约有60多个国家以工业规模从海水中生产食盐,每年从海水中生产食盐的总量约5000万吨。中国的海盐产量一直居世界首位,在1989年达到1885.84万吨。生产海盐有三种方法:太阳能蒸发法、电渗析法、冷冻法。世界许多国家主要采用太阳能蒸发法来制取盐,中国是世界上产海盐最多的国家,均是采用的太阳能蒸发法——盐田法生产海盐。

盐田法就是在海边修建很多像稻田一样的池子,用来晒盐。第一步,在海水涨潮时,把海水让进盐池,在太阳能的蒸发下,池子的盐水浓度逐渐增大。第二步,将浓度大的盐水放入另一盐池,盐水再进一步蒸发,海水浓度越来越大,当水分蒸发达到"盐点"时,这时的盐水就是卤水了,俗称"泡腌"母液。这种母液再转入结晶池中。第三步,卤水在结晶池中,继续接受太阳的曝晒,卤水再蒸发,食盐就会逐渐结晶出来了,盐池底部沉淀着雪白的食盐晶体。第四步,将这些结晶盐粒收集起来,堆积如山,最后运送到需要盐的地方。

盐田法制盐比较经济,工序简单,易于操作,是一种古老的方法。但盐田法制盐受环境影响很大,盐产量与海水的盐度、地理位置、降雨量、蒸发量等有密切关系。此外,盐田占地面积较大,费人工多。

海水可变成淡水

　　海水是苦咸的,因为在海水中含有镁、钠的氯化物及其他盐类,人们不能直接使用,而必须将咸水变成淡水才能为人类生活、生产所需。向海洋要淡水,已经是很多沿海国家,特别是中东的石油富国,解决淡水资源不足的重要渠道。甚至是他们近乎唯一的选择,并且取得了惊人的成就。

　　据调查,目前全世界通过海水淡化而生产淡水的数量在千万吨以上。中东一些干旱国家如沙特阿拉伯、阿联酋等,因天然淡水不足,就选择淡化海水的办法解决本国的淡水问题。在沙特首都利雅得,最醒目的建筑是那高达80多米的巨型水塔,其圆锥形塔顶的贮水池中,可贮存1.2万立方米淡水,源源不断供给市民用,但是,这些水不是来自水库,而是来自400多千米外的东部海湾的海水淡化工厂。

　　海水淡化的方法很多,到目前为止已有20多种方法可以淡化海水,其中主要方法有蒸馏法、电渗析法、反渗透法、冷冻法、离子交换法等。蒸馏法是目前世界上应用最多的一种方法,其工作原理非常简单,就是利用太阳能或其他能源,将海水加热,达到沸点,产生蒸汽,然后把蒸发的水蒸气收集起来,通过冷却,就变成淡水了。中国的海水淡化技术已有相当的水平,已为海岛居民用水和沙漠地区苦咸水淡化带来了福音。

海洋盛产珍珠

晶莹剔透的珍珠，就其生成来说有海水珍珠和淡水珍珠两种。海水珍珠由软体动物的珠母蛤中生成；淡水珍珠，则在一种属于蚌科中生成。珍珠的产生是因为珍珠母贝(蛤或蚌)，偶尔有小虫或沙粒钻进它的外套膜和珍珠层时，贝体受到刺激，于是不断分泌出珍珠质，把小虫或沙粒包裹起来，形成小囊，叫珍珠囊。天长日久，珍珠质一层一层增加，最后便形成了一个由珍珠质构成的小球，这就是珍珠。

珍珠母贝只生活在干净的海水中，那里有大量的海水从陆地上带来丰富的营养食物。广西壮族自治区的合浦县，是中国海珠的著名产地。这里产的珍珠颗粒粗大，色泽纯正，自古以来一直誉满全球，人们称为"合浦珠"。

近年来，人工养殖珍珠兴起。人们首先选择适合蚌蛤类生长的海滩，然后选择一种蚌蛤作为珍珠母贝，并在这个海滩内除去其他贝类。每年8月从海底捞出珍珠蛤，移置到养场内静放，生产蛤卵，然后孵化为幼虫或幼蛤。幼蛤在海水中自由漂浮，喜欢在暗处固定生长。因此用铁丝做笼子，外表涂以黑漆，上粘沙子和水泥，使表面粗糙，以便珍珠蛤附在上面，然后将铁笼吊在木筏下，放入水深6米处养殖。3年后就可收获珍珠了。

滩涂也是资源

　　滩涂又名海滩,是海洋和陆地的过渡地段,这里每天有海水的涨潮和落潮,又被称为"潮间带"。根据滩涂的潮位、宽度与坡度,可分为高潮带、中潮带和低潮带三个潮位带。滩涂是一个活跃的特殊资源类型。它的特点受海岸类型、海水盐度、质地、蒸发、降水和生物等因素的综合影响。滩涂是一个独特的生态系统,从生态环境来说,是鱼、虾、贝类等海底栖生物和浮游生物寄居、觅食、繁殖的场所。多数滩涂主要生长着低等藻类植物。

　　中国海岸长达1.8万千米,滩涂宽广辽阔,资源十分丰富,主要资源是土地资源和水产资源。据统计,中国外流河每年夹带的泥沙可淤成陆地面积2.7~3.3万公顷。从水产资源来看,栖息在沿海海域的鱼、虾、贝类和海藻达1500多种,滩涂天然总生物量可达80万吨,滩涂宜养面积达133万公顷,目前只利用了10%,此外还有芦苇、海盐资源、红树林资源、藻类资源、砾石资源和海水资源等。

　　在热带、亚热带海湾的浅水淤泥中,长出一种红树林,形成郁郁葱葱的森林。每当潮水上涨时,海滩被海水淹没,树干浸泡在水中,只有茂密的树冠漂浮在海面上,退潮后,泥泞的树干露出海面,盘根错节,好像一片原始森林,被称为"海上森林"。是经济价值很高的优质木材。

海洋是空间资源

海洋空间包括海洋"面上空间"和海洋"水内空间"。海洋"水内空间"是一种特殊空间。有人称它是地球的"内空间"。随着科技水平的飞速发展,海洋空间的开发利用,已经从传统的港口、运输、围垦,发展到建筑海上人工岛、海上机场、水下仓库、海底隧道、海上桥梁等多方面。

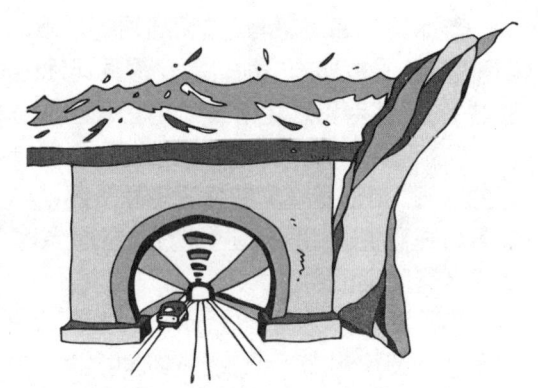

海洋表面空间的开发,目前主要是海洋运输,在20世纪80年代中期,每年海洋运货量已达40亿吨。对海洋表面空间其他方面的应用,已有种种设想,如建设海上人工岛屿、海上公园、海上城市。

海洋内部空间的开发,目前主要是海底管道运输、海底电缆铺设、海底隧道。还处于设想和研究阶段的海洋内部空间的开发项目有海底城市、海底疗养院、海底研究所、海底工厂等。

海洋内部空间要比海洋表面空间平静得多,没有十分剧烈的风浪和气候变化。但是开发海洋内部空间却存在着更大的困难。首先要使建筑物内部与海水隔绝,而且建筑物还要能长期承受水压,且耐海水的浸泡和腐蚀。其次是要解决空气、食物、用具、材料供应及与陆地之间的往来交通问题。但不久的将来,人类必将能够充分利用海洋空间资源。

海藻可做肥料

海洋是一个巨大的宝库,海水中有多种化学成分,钾离子的含量居第六位(0.38%)。而海藻又是极好的钾的"生物富集剂"。据化学分析,多数褐藻,如海带、裙带菜、海矞子、马尾藻、鼠藻、萱藻、囊藻等,均富含钾化物,一般含量在7%左右,高者可达15.2%,海带的含钾量在10%左右。

海藻中不仅含有氮、磷、钾等植物生长所必需的营养三要素,而且含有多种微量元素和有机物质,这就使它具有其他肥料无法比拟的多种用途。海藻,尤其是海带,在目前研究过的生物中含碘量最高,一般在0.5%左右。如果在缺碘的土壤中,施以海藻肥料,海藻中的碘将会转移,积累在农作物中,甲亢病可能得以缓解,并且每年可节约数亿元用于碘化物的药物。

世界上许多国家已将海藻制成肥料、饲料、化工原料、食品等海藻产品系列。中国是海藻生产大国。自20世纪70年代以来,仅人工养殖的海带年产量就超过20万吨(折合成鲜品约重100万吨),占世界海藻产量的1/2。但中国也是钾矿资源不甚丰富的国家,尤其是可溶性钾盐更为缺乏,1986年由于钾肥短缺,造成广东、广西、湖南、湖北等6省(自治区)仅早稻就少收10多亿千克,晚稻影响更大。解决钾肥缺乏问题,可寄希望于海藻。

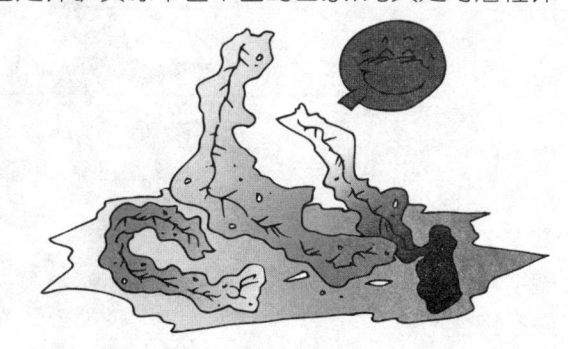

世界蛋白质仓库

南极磷虾是南大洋一种十分丰富的水产资源。估计储量在50亿吨左右。如果考虑生态平衡，每年捕捞1~1.5亿吨是完全没有问题的。磷虾的繁殖能力特强，许多海洋生物都以它为食。据考查，它是5种鲸、3种海豹、20种鱼类和企鹅及许多鸟类的主要食物。

磷虾是高蛋白食物。不仅含有50%左右的蛋白质，而且味道鲜美可口，有"冷甘露"之称。世界卫生组织曾将南极磷虾、对虾、牛乳、牛肉的氨基酸综合营养价值对比分析，结果磷虾得100分，牛肉96分，牛乳91分，对虾71分。大约10只磷虾所含的蛋白质就可以顶得上200克烤肉的营养价值。人体所需的8种氨基酸，磷虾均有，而且合起来占蛋白质含量的41.04%，若每年捕捞7000万吨磷虾，就能为世界1/3的人口提供所需的蛋白质。所以，南极又被称为"世界的蛋白质仓库"。

磷虾体长6~8厘米，外表呈金黄色，体内有微红色的球形发光器，每当夜晚，尤其在受惊急速逃窜的时候，能散发出一种蓝色美丽的磷光。磷虾大多浮于海面，一般在50~100米水深中，成群结队地游动。

磷虾多生活在距南极大陆450~1900千米的南极辐射带的南大洋北部海域，这里水流夹带有丰富的营养物质，微生物繁茂，可作为磷虾的食物。

南极的物产资源

20世纪80~90年代以来,在南极表面不毛之地的冰雪下面,发现了220多种矿物,其中主要矿物有金、银、铜、铁、镍、铂、铅、铀、锰、钴、锌、锑、钍、煤、石油、天然气,以及石墨、石英、金刚石等。据估计,南极煤的总蕴藏量大约为5000亿吨。在南极大陆查尔斯王子山脉周围200千米区域,还存在一个世界上最大的磁铁矿床,这个磁铁矿床有100米厚,延伸120千米以上,含铁量(即品位)为35%~38%,足够全世界开采200年。特别富有诱惑力的是南极大陆及大陆架的石油和天然气。整个南极洲西部大陆架的石油藏量为450亿桶,天然气大约有3200亿立方米。

南极最引人注目的动物资源是磷虾、鲸鱼、海豹、企鹅、海鸟等。其中,南极磷虾是颇受国际渔业界重视的一种海产资源。人们很早就开始捕杀极地海洋中的鲸,由于北极地区的鲸被捕捉殆尽,因而南极地区目前已成为世界捕鲸业的中心。南极大洋中还藏有大约3200万头海豹。海豹的毛、皮、肉和油都具有很高的经济价值。南极还有企鹅、南极海燕、巨海燕、信天翁等40多种海鸟。其中企鹅大约有1亿只。

"冷"的用途

冷可以造成灾害，给人类带来灾难。然而，在科学技术不断发展的今天，冷也会给人类社会带来福音。

第一，延长寿命。著名生物物理学教授巴尼特·罗森堡说："从热力学角度来看，衰老的过程及死亡与体温有关。如一个人的体温保持在33℃，他可活700岁。"因此有的科学家提出"35℃体温=200岁"。

第二，冷刀手术。形似钢笔状的"冷刀"，它能在一两分钟内使温度降到-60℃～-90℃，用来切除一些浅表的肿瘤，方便利索。

第三，冷促冬眠。动物冬眠时血液中有一种冬眠诱发素，给猴子注入此素后，脉率减少50%，体温下降几摄氏度。科学家期待着利用冬眠诱发素对病人进行生物降温，让患者在冬眠状态下接受手术治疗。

第四，冷治疾病。目前用"低温治疗机"促使局部体温降到-196℃，进行冷冻治疗，可治多种疾病，病人痛苦小，出血少。

第五，冷是能源。将雪作为"冷端介质"，把地热和其他低温余热作为"热端介质"，可推动发电。

第六，冷存技术。冷存体液，如冷存血液、精液、淋巴液和骨髓等人和动物的肌体体液等。冷冻器官在-196℃的液氮里保存，可供人体移植用。

"第二石器时代"

史前，在人类的发展中，曾经历过旧石器时代和新石器时代。数千年过去了，科学家认为，今后人类还将进入石器时代。目前人类已开始大规模地应用非金属矿产了。唐代诗人杜甫有诗云："安得广厦千万间，大庇天下寒士俱欢颜。"而今建造"广厦"的材料都是水泥、玻璃，它们均是硅的化合物。人们家庭中日用品，如饭碗、茶杯、便池、浴盆，又多为陶瓷品，其中硅是主要成分。更有甚者，硅被用在电视机、收录机等电器用品上。因为硅是重要的集成电路材料，在一块几毫米见方的小硅片中，可制作几十万个晶体管元件，以构成超大规模集成电路，高度集中了人类智慧和知识的精华。用硅制作的集成线路是电脑的核心，也是现代化社会的神经系统——光通信线路所用材料的主要成分，一条细如发丝的光纤维竟可供1.2万人同时通话。

更奇妙的是，硅还是一种新能源材料，人造卫星就是用硅太阳电池作为电源的。有些科学家预言，由于用硅做主要材料研制成的能耐热、耐腐蚀、高硬度的精细陶瓷的推广应用，使人类即将进入"第二个石器时代"。

此外，沸石的广泛应用，也被誉为人类进入"第二个石器时代"的代表之一。因沸石具有吸附筛分、离子交换和催化性能，广泛应用于火箭、导弹工业、宇航、超真空技术方面。沸石粉也常用在提高土壤肥力、防病增产方面，它对土壤中的氨、钾、钙、镁等阳离子的吸附保持作用良好。

沸石功能多

沸石是一种碱和碱土金属的含水铝硅酸盐矿物,因受热时出现明显的沸腾起泡现象而得名。自从20世纪50年代以来,在日本、美国等相继发现大规模天然沸石矿,沸石的开发应用研究有了突飞猛进的发展。

沸石的种类很多,目前已发现有38种,其中数种工业意义较大。它们具有耐热、耐酸、耐辐射等性能,同时也具有吸附性、分离和离子交换等特点。因此,沸石是火箭、导弹工业、石油化工、冶金、电子、宇宙空间技术、原子能工业、轻工业、农牧业、控制环境污染等方面的好材料。于是,天然沸石在工农业上的应用引起了人们极大的注意。

在建材工业上,可用沸石烧制价廉物美的沸石岩水泥,世界天然沸石年产量的40%用于水泥工业。在农牧业方面,施用沸石粉可提高土壤肥力,防病增产。在鸡饲料中添加50%沸石粉,可使小鸡体重增长10%~15%,母鸡提高产蛋率28%~30%。在环保方面,可用沸石除去废气中的二氧化硫和废水中的一些有害物质,低高降氟水中的氟含量。在国防、宇航、超真空技术方面,沸石也有着特殊用途。因此,一些科学家认为,"天然沸石在重要性上已占各种非金属矿产的首位",是人类进入"第二个石器时代"的代表。

食盐的种类

盐是人们日常生活中不可缺少的食品。医学家告诉人们,食盐的水溶液约占人的体重的60%,人眼睛的99%是盐的溶液。盐又是现代化学工业的重要原料,是盐酸、纯碱的"母亲",是玻璃、炼钢、炼铝、造纸等工业不可缺少的添加剂。盐还是良好的消毒剂、防腐剂。盐的用途越来越广泛。

盐,按产地来说,有海盐、湖盐、井盐和矿盐四种。以海盐产量为最高。根据加工方法不同,又划分为原盐、精制盐和粉洗精制盐,以及低钠盐、加碘盐、加锌盐和风味型食盐等。原盐由沿海地区生产,即晒海水而制成的盐,氯化钠约为94%,多用于腌咸菜、腌咸肉、咸鱼等。

精制盐以原盐为原料,采用化盐卤水净化、真空蒸发、脱水、干燥、包装等工序制得的产品,外观呈粉末状、色洁白、氯化钠含量在99.6%以上,最适合于调味。

低钠盐,色泽白,颗粒细,味道与普通食盐一样,食用此盐,可使钠钾平衡,不会导致高血压的发生。

加碘盐主要是针对缺碘地区居民而研制生产的,一般在普通盐中加入十万分之一的碘化钾,使人每天可得到50毫克的碘化钾,以防患甲状腺肿大。

加锌盐在普通盐中添加一定量的锌元素,使之成为营养强化型食盐。

泥土可代粮食

"土"可以"食",乍听起来使人愕然。然而,这确是事实。膨润土就具有这种"以土代粮"的本领。

膨润土俗称白黏土、白土、观音土,是一种以蒙脱石为主要组分的软质可塑性黏土,属含水的层状铝硅酸盐矿物。颜色灰白,吸水后体积能膨胀10~30倍,故得名膨润土。膨润土成分中含有10多种矿物元素,其中有畜禽有机体不可缺少的硅、钙、钾、镁、锰、镍、锌、铜、钴等矿物元素。其中有些经科学家查明是生命活动中酶、激素和各种活性物质的重要组分。为"以土代粮"提供了条件。

用膨润土代替家禽、牲畜和渔业用粮,在世界上已有范例。用膨润土喂猪,苏联、美国等工业发达国家,在饲料业中早已使用膨润土。苏联在育肥猪饲料中添加1%的膨润土,日增重比不添加者提高3%~3.7%;中国四川达县饲料公司,在猪饲料中添加2%的膨润土,日增重提高12.3%。膨润土喂鸡,在混合配饲料中添加3%膨润土,肉鸡和内存鸡日增重提高20%,每增1千克体重,节省饲料0.84千克。膨润土喂羊,澳大利亚新英格兰大学饲养试验,每天在每只羊的饮水中加入15克膨润土,可使羊的日产毛量增加2克。他们认为,饮用含膨润土的水,可将羊胃中的原生虫等微生物较快地冲洗掉,可使饲料营养在胃肠道较多地被消化吸收,有利于羊毛的生长,能减少羊羔的死亡率。

泥炭肥效好

泥炭又称草炭、泥煤,是沼泽和潮湿地的特有产物,主要是植物残体经过搬运或原地堆积于沼泽中,经生物化学作用,在长期的堆积与分解过程中,逐渐形成的。泥炭富含有机质、腐殖酸,以及营养元素,且具有较大的持水、吸气、代换等性能,可用于堆肥、垫圈及直接施用。苏联从1958年开始用泥炭制造肥料,已经生产了数百万吨。美国每年用于土壤改良的泥炭有50万吨。中国科学院林业土壤研究所利用泥炭等有机物质,使土壤肥力的性质得到改良,农作物的增产幅度达到16%~56%。江苏吴县唯亭腐肥站利用泥炭生产的腐肥,施用后青菜亩产达1134千克,比施用等量化肥和黄粪分别增产46.6%和59.7%,西瓜增产17.8%,番茄增产11.7%,青大豆增产21.8%。

泥炭作农肥效果好的原因在于:有机质成分多,一般都在30%~70%,最高可达90%;含氮、磷、钾等有益元素比较多。其中腐殖酸含量在10%~40%,最高可达50%以上,含氮1.5%~2.5%,全磷含量0.1%~0.6%,全钾含量0.03%~0.5%,含油率一般为30%左右。

矿物饲料

现在国内外许多单位广泛利用一些矿物饲料作家禽家畜的生长刺激剂、催肥剂、调味剂、添加剂等,使家禽家畜早熟、早肥、增产。

许多矿物、岩石和土都含有动物所需要的宏量元素和微量元素。宏量元素如氢、氧、碳、氮、钙、镁、磷、硫、钠等;微量元素如钴、钼、铬、碘、铜、锌等,都是动物体内所不可缺少的元素。试验证明,用这些含有益元素的矿物粉末同粮食、蔬菜等饲料按比例配合,做成精饲料,其营养比普通饲料丰富。它们的有益元素含量高,禽畜食用后,不但可以早肥、早熟、体壮、肉鲜,还能节约粮食、降低成本。

可作饲料的矿物有膨润土、沸石、腐泥、石灰岩、海泡石、泥炭、磷灰石、石盐等。

膨润土中含有磷、钾、钠、钙、镁、铝、铜、铁、锰、铬、镍、钛、钒等多种元素,都是动物体内所需的常量和微量元素,在肉鸡饲料的干料中添加2%~3%的膨润土,肉鸡体重可平均提高8%。沸石用作饲料添加剂,能防止禽畜胃肠炎和寄生虫病,使禽畜生长快,体壮肉鲜,蛋大壳厚。利用泥炭生产菌糠饲料,培养食用菌生产鲜菌,可以喂养牛、羊、猪、鸡等,促进早熟。石盐用作饲料调味剂,提高禽畜食欲,增强消化吸收能力,增加体重。

泥炭与食品工业

在沼泽地或缺氧环境下堆积成的泥炭,过去无人问津,可现在是饲料和食品工业的好原料。这是因为泥炭中含有94%～98%的有机质,其中木质素30%～40%,蛋白质4%～5%,维生素3%～20%,腐殖酸10%～40%。

将60%的泥炭,配以5%的麦麸(玉米心也可)、30%的麦秆糖、3%的石灰和2%的糖,加入适当的食用菌种,发酵后即制成菌糖饲料。用300千克菌糖饲料,配上一些其他饲料,只用150天,就可喂出一头90千克重的肥猪(平均每天增重0.56千克)。与用一般配合饲料相比,成本降低50%左右,还节省一半粮食。

用菌化法,可将泥炭中蕴含的各种化学成分、维生素、有机质等,经过菌化作用,使其分解成糖类、蛋白质,成为好饲料、好食品。用这种菌化糖饲料喂猪,可提高瘦肉率15%～20%;喂奶牛,可提高产奶量10%～20%。利用菌化作用生产菌化糖饲料作培养基土,培植食用菌,生长的白蘑、圆蘑雪白鲜嫩,是制作宴席、八仙菜、三鲜汤的珍品。

用蒸馏法可从泥炭难以分解的纤维素单糖类中提取酒精、水解糖溶液,它是一种容易消化的碳水化合物饲料糖,营养价值高。如在饲料中加入2～6升水解糖溶液,牲畜可提高产肉率和产奶率10%～20%。

泥炭资源十分丰富,若将这些丰富的泥炭资源开发出来,提供给饲料食品工业,必将产生巨大的效益。

矿物是药物资源

中药由三大部分组成，它们是矿物药、植物药和动物药。明代药物学家李时珍在《本草纲目》中，把药物矿物分为金、玉、石、卤类，称为金石部，共得161种。矿物药物，主要包括矿物、岩石、矿泉水和古生物化石等。

古代人长期与疾病斗争，先是学会将一些天然石、水作为药用，后来逐渐认识到矿物药物治病的道理，它的奥秘在于组成成分在起作用，例如，人们常用的朱砂(辰砂)是硫化汞的矿物；雄黄是砷的硫化物；珍贵的矿物药"龙骨"，则是生活在1200万年至300万年前的东方剑齿象、犀牛或三趾马等多种大型哺乳动物的骨骼和牙齿化石；琥珀是古代树脂的化石(常产于煤层中)；医用矿泉水内含有丰富的微量元素和离子……

中国的矿物药资源十分丰富。但是目前，市场上常用的60多种矿物药却十分紧张。所以，进一步开发利用药用矿物资源仍是当务之急。主要药用矿物如下：朱砂——汞的硫化物；磁石——磁铁矿石；芒硝——即天然硫酸钠、胆矾也称石胆、硫黄；赤铁矿——药名代赭石、硼砂、菱锌矿(亦称炉甘石)、石膏(含水硫酸钙)、水银、雄黄、禹余粮(褐铁矿)、海浮石、高岭土、琥珀、龙齿、龙骨(哺乳动物化石)等。

稀土已进入生活

稀土是 17 种具有奇异性能的元素的总称。它们在地球上并不稀少，也和土没有什么亲缘关系，而是典型的金属。稀土尽管对大多数人来说还比较陌生，但是随着科学技术的发展，它不仅已经在许多工业部门大显神通，同时还开始悄悄地进入人们的生活领域，给人们带来了意想不到的好处。

稀土已成为无污染、高效的稀土微肥。每亩地只要施上几克稀土微肥，水稻、小麦可以增产 50%，花生、油菜籽可以增产 10%～15%。更奇怪的是，西瓜、甘蔗、甜菜的含糖量还有明显提高。

用稀土化合物氯化钕来染色毛线，毛线不褪色，色泽鲜艳，丰满柔和，不易起球。在制造塑料制品的过程中加上一些稀土，可以延缓塑料老化的时间，又能增强它的耐腐蚀性能。

当你伸出手腕，款式新颖的电子手表会为你提供准确的时间，殊不知，一些电子表里边的电子元件，也是用稀土钐永磁材料制成的。电视机所以色彩艳丽，图像清晰，是因为荧光屏上涂有一层氯化铕的稀土荧光粉。用稀土磁体生产的收音机、录音机、电吉他，既缩小了机体的体积，又使它们的音质更加优美悦耳。

稀土还能为你祛除病痛。用稀土磁体生产的磁疗器，具有一定疗效。

山是旅游资源

　　山由各种各样的岩石组成。花岗岩组成的山，因岩石断裂发育，而形成悬崖陡壁，如华山、黄山，或因"球状风化"而造成"石蛋"奇观；沙砾岩组成的山，因水的侵蚀而变得奇峰林立，如丹霞山；石灰岩地区则多峰林、溶洞和千姿百态、千奇百怪的岩溶沉积物，如桂林、石林、打鸡洞、龙宫等。因此，山常多奇峰怪石而利于观赏，即所谓"山色"。各地的山色，往往各具特色，形成千姿百态的景观。如泰山之险、雁荡之奇、华山之险、黄山之变、庐山之秀、青城山之幽、嵩山之峻、千山之丽等。

　　人们游览群山，还与山同人文旅游资源相结合。与佛教结缘的山有浙江的普陀山、四川的峨眉山、山西的五台山、安徽的九华山等。与道教结缘的山有四川的青城山、湖北的武当山、江西的龙虎山、青岛的崂山等。

　　至于以风光旖旎著名的风景名山，如江西的庐山、安徽的黄山、浙江的雁荡山、福建的武夷山、辽宁的千山等，都以雄、奇、险、秀、幽、奥、旷、野之美，吸引游人。

飞瀑名胜

世界上许多国家的旅游胜地，都与名川飞瀑结下不解之缘。大凡有名瀑激流的高山峡谷，多被辟为游览胜地，游人往往络绎不绝，观后赞叹不已，而且留下一篇篇朗朗上口的诗、词、歌、赋、散文或游记，成为文化宝库中的绚丽篇章、人类的精神财富。

世界上瀑面最宽，落差最大的十大瀑布如下：非洲的莫西瓦尼亚瀑布，瀑宽可达1800米，为世界上最宽的瀑布。南美洲的安赫尔瀑布，落差达979米，是世界上落差最大的瀑布。其次还有非洲的图盖拉瀑布（落差853米）、南美洲巴西境内的伊塔廷加瀑布（628米）、圭亚那和委内瑞拉边境上的库凯南瀑布（610米）、欧洲瑞士境内的吉斯巴赫瀑布（604米）、大洋洲新西兰南岛的萨瑟兰瀑布（580米）、欧洲挪威的奥尔梅里瀑布（563米）、蒂赛瀑布（533米）、美国夏威夷群岛上的卡希瓦瀑布（533米）、巴西的德拉奥瀑布（524米）等。

将瀑布景观辟为公园、游览胜地的国家不少，而且游人也很多。例如凯厄图尔大瀑布，又名"老人瀑布"。是圭亚那中部埃塞奎博河支流波塔罗河口的一处著名瀑布，落差226米，早已被辟为国家公园。此外，泰国的高瀑——沙里胶瀑布、奥赫拉比斯瀑布、塞特凯达斯大瀑布，都已建立瀑布公园。

瀑布是旅游资源

世界上有数据资料记载的较大瀑布，大约有 1000 余处，多以落差较大著名，也有因水量大而闻名的。中国的瀑布不仅数量多，而且类型多样。有山地瀑布、地下瀑布、火山形成的瀑布、江河水流陡崖飞瀑等。其中著名的有黄果树瀑布、壶口瀑布、吊水楼瀑布、扎嘎瀑布、九寨沟瀑布、庐山飞瀑、黄山三瀑、雁荡群瀑等，均是有名的游览景点。

瀑布之美，首先是形态美。它们或似百幅白绫，摇曳空中；或似万斛明珠，从天而泻；或似喷雪奔突，风拂轻飘，形态变化万端。瀑布形状的千姿百态，主要归功于不同的地质地貌构造。唐代大诗人李白对瀑布形态之美赞誉道："日照香炉生紫烟，遥看瀑布挂前川。飞流直下三千尺，疑是银河落九天。"

有些瀑布并不一泻到底，而是分级跌落，形成梯瀑景观，而各级形态又有差异，这就极大地丰富了瀑布形态的多样性。瀑布之美，其次是音响美。有的瀑水从高处落下，其声响似滚滚雷霆，在山谷间轰鸣不绝。而有的如丝竹低弹，洋溢美女阴柔之情。瀑布之美，再次是美在色彩。瀑布的色彩，由于空间环境和气候气象的变化，出现众多的色彩变幻。一般瀑布，水清色纯，白如素绢，而有的瀑布则像红色绸缎挂在悬崖之上。特别是九寨沟瀑布色彩斑斓，婀娜旖旎。

崇高的瀑布文化

世界上千姿百态的瀑布,在形、声、色等方面,都展现出独特的美、雄、秀、奇的风韵,千百年来为人们所喜爱。所以,瀑布不仅成为旅游观光风景,而且人诗、人画。游人观赏一个瀑布,或为水落碧潭、飞花碎玉、奔腾翻涌的壮观而心旌荡漾;或为周围绿草如茵、树木葱茏、泉水清洌的秀色而留恋迷醉;或为白练千丈,从天飞落、气象万千的奇景而心驰神往。瀑布之美,或雄、或秀、或奇,各具风韵。

世界上许多瀑布因其美景,历来为世人所赞赏、宣扬而成为名瀑。位于美国和加拿大交界线上的尼亚加拉大瀑布,号称天下奇观,是世界十大奇景之一。在瀑布旁,于美国纽约州境内,建立了"尼亚加拉瀑布城"。在密歇根湖的东边密歇根州境内,一条不长的河流南侧,有一个"大瀑布城"。蒙大拿州的密苏里河岸,也有一座"大瀑布城"。在南达科他州,有一座"苏瀑布城"。明尼苏达州北部与加拿大接壤处的雷尼湖边,有一座"国际瀑布城",该州有一条明尼赫瀑布,以低落差著称。瀑布文化的发达情况,可从众多的以瀑布命名的城市得到说明。

瀑布文化更见于中国。唐代大诗人、画家王维,常常在"明月松间照,清泉石上流"的美景中流连忘返,并留下诗文和画卷。各朝各代的诗人画家,对瀑布多有偏爱,因而瀑布常常出现在他们的作品当中。

植物是净化器

植物在环境净化中的作用,主要表现为两个方面:

一是吸收有害气体净化大气。目前一般污染大气的污染物有28种之多,植物能吸收二氧化硫、二氧化氮、氯气、氨气、臭氧和小部分过乙酰硝酸酯,大气中的二氧化硫除少部分被雨水淋溶降入土壤或地面水中外,其余靠地面吸收。当植物吸收二氧化硫后,首先形成亚硫酸盐,然后又被植物的生化反应氧化为硫酸盐。

当植物茎叶中的水分和二氧化氮发生作用后,可生成亚硝酸和硝酸盐混合物,而被植物利用。氨气也同样可被植物吸收利用。

氟化物进入叶片后,仍然保持可溶状态,转化为游离的无机氟,不与细胞成分产生不可逆的结合,如1千克的西红柿叶子可吸收3毫克的氟。

植物对HF的吸收率最大,二氧化硫次之,臭氧和二氧化氮又次之。这是由于它们的溶解性的大小不同造成的。许多树木的叶子,甚至树皮上的皮孔都能吸收HF、二氧化硫等气体。

二是净化污水。植物能够吸收、降解、生物转化农田、草场和森林中的污水。利用某些植物嗜好某些元素及其化合物的特性,来除掉水或土壤中的有害物质,如利用葱、凤眼莲(水葫芦)吸收水中的酚,用浮萍、金鱼藻和凤眼莲吸收水中的锌等。

洞穴是科学宫

　　洞穴是大自然创造的美丽而奇妙的景观，它既是一种宝贵的自然资源，又是重要的科学研究对象。

　　洞穴给人们以"奇、险、幽、深、美"的感受，其独特之处往往是地表景体无法比拟的。特别在岩溶地区，洞外有奇特的峰林山水地貌石林奇观、壮观的瀑布，洞内有奇特的造型优美的钟乳石、石笋，对此人们赋予了它们各种形象的名称和神话传说。还有可供泛舟的地下河、地下湖，以及洞内瀑布、涌泉、热水等奇异的水文地质现象。所以洞穴是游览的"天堂"。

　　洞穴的自然景观往往与人类的文化及生产活动息息相关。洞穴是远古人类的栖居地和墓葬地，世界的许多古人类化石和石器文化遗物，都出土于洞穴中，如中国著名的北京周口店猿人遗址，广西柳州的都乐岩、白莲洞的柳州人遗址等。可以说，在洞穴中产生了人类最早的文化。有的地方沿山依洞修建了大大小小的殿宇；有的洞穴内有大量的壁书、摩崖石刻、题词、佛雕等，是研究地方历史的珍贵实物材料；有的洞穴与古代科学家、文化名人活动有关；有的是历史事件、革命斗争的发生地。

泉水的观赏价值

涓涓清泉,水质澄澈,晶莹可爱。自古以来,多少人赞美它,文人墨客将泉人诗人画,游人为之流连忘返,它不仅是为人们提供了水源,还美化了大地,是一种珍贵的旅游资源。地球之大,自然条件复杂多变,有数以万计、千姿百态的碧水清泉的踪迹。中国是奇泉出露最多的国家,据粗略估计,全国泉的总数,当有10万之多。其中以水质好、水量大,或以奇水怪泉而闻名遐迩的所谓"名泉",就有近百处。

因地下水的赋存条件不同,它们中有四季如汤的温泉,刺骨冰肌的冷泉,喷涌而出、飞翠流玉的承压水泉,清澈如镜、汩汩外溢的潜水泉,腾地而起、水雾弥漫的喷泉,时淌时停、含情带意的间歇泉(潮水泉、含羞泉),去病愈疾的药泉,灌田肥庄稼的粪泉。还有稀奇古怪的水火泉、甘苦泉、鸳鸯泉、喊泉、鱼泉、虾泉、乳泉、盐泉、酒味泉、蝴蝶泉等,这些名泉、奇泉,对风景名胜均有锦上添花之妙,相得益彰,誉满全球。

在美国的黄石公园内,有名的老实泉坐落在一个圆形的泉华台地的中央,大约每隔35~90分钟喷发一次,每次喷发2~5分钟,喷发时水柱高达70米,沸水散发出来的蒸汽,犹如一朵白云挂在高空,极为壮丽。许多游客不远千里前来观看喷泉的壮景,因而老实泉也就成为世界名泉。

矿产资源

矿产资源是一种基本的生产资料，是人类赖以生存与发展的重要物质基础。目前，中国有90%以上的能源、80%的工业原材料，取自于矿产资源的开发和利用。那么，什么是矿产资源呢？它是天然赋存于地壳中，由地质作用形成的，具有经济价值或潜在经济价值的富集物。矿产资源既包括已经发现的，并且经过勘探工程控制的矿产，还包括在当前技术条件限制下，尚未发现，但经预测可能存在的矿产。从技术经济条件来说，也包括在当前经济技术条件下可以利用的矿物质，还包括根据技术进步和经济发展，在可预见的将来能够利用的矿物。

矿产储量是已查明的矿产资源的一部分，它比矿产资源少得多。但却是经过地质勘探工程揭露，而且已经控制的矿产资源，在当前的技术条件下可以开发利用的。

矿产资源的种类很多，可分为能源矿产和非能源矿产两部分。能源矿产又分为可燃有机矿产（煤、石油、天然气、油页岩等）、核矿产（铀、钍、镭）；非能源矿产又分为金属矿产（黑色金矿产、有色金属、贵金属、稀有金属、分散金属矿产），非金属矿产（冶金辅助原料、化工原料、工业制造业原料、压电及光学原料、陶瓷及玻璃原料、建筑及水泥原料、宝玉石材料。

有色金属

铜、铅、锌、镍、钴、镁、钨、锡、铝、钼、铋、汞等，被称为有色金属。其中许多有色金属是飞机制造业、宇宙航行业的主要材料。一架飞机所用材料的80%左右是有色金属。美国一架大型军用运输机用铝102吨，占机体重量的70%；用钛在870千克以上，占机体重量的7%；用铜1300千克，用镍1000千克，用铍600千克，用镁为300千克。

英、法共同研制的"协和号"飞机，每架用钛量达25吨。远程截击机每架用钛量33吨，占全机总重量的95%。钛已是超音速飞机的主要材料。铍在飞机上主要用作制动和方向舵，如战斗机F-4的铍方向舵重17千克。

宇航工业中所用的主要材料是有色金属。美国"阿波罗"11号宇宙飞船用金属907吨，其中铝680吨，占飞船重的75%，用钛45吨，用铜、镍、钴、镁、钨等金属136吨。铍是宇宙飞船重返大气的热屏蔽材料，这是因为铍的比热大，吸热能力强。"水星"号宇宙飞船用铍做热屏蔽板重达159千克。有色金属还用于制造火箭，一枚火箭用铝量占火箭体重的10%。用镁100～300千克。钛用于制火箭的压力容器，美国85%的火箭压力器是用钛合金制造的。

稀有金属

稀有金属包括锂、铍、钛、钨、钼、铌、钽、铪、镓、锗、铀等39个家族成员。它们各有自己的特性：有的很活泼，容易和其他物质发生化学反应；有的具有放射性；有的比重小，熔点高，超低温性能好；有的强度大，刚性好；有的耐腐蚀性强，延展性好等，因而它们成了原子能和航天工业中最"吃香"的材料。例如，利用铀原子核的裂变反应，来获取巨大的能量，铀成为原子能的主要燃料。要促使铀原子核裂变，就需要有高效能的"中子源"作为"炮弹"，去轰击原子核，这个"炮弹"就是铍所提供的。

金属钛比重小，耐蚀性强，熔点高，是制造火箭发动机壳体、人造卫星外壳、宇宙飞船船舱、骨架、压力容器的理想材料。阿波罗飞船及其运载火箭上，总共装了用钛合金做成的容纳各种燃料的压力容器40多个，大大减轻了飞行器的重量。

稀有金属锂，是首屈一指的轻金属，比重只有0.5，比水轻一半。用锂制成的合金，质地轻，成为制造飞行器的好材料。高熔点稀有金属钨和钼，被广泛用来制造飞行器的蒙皮、发动机喷管、导弹中的渗银钨喷管和其他一些零件。起到了耐高温、飞行器不需要冷却的作用。铌和钽性能稳定，耐腐蚀性强，延性好，制造导弹电子固体电解电容器及飞行器中某些零件和热防护装置，也离不开它们。

火山资源

提起火山,人们往往联想到大地轰鸣,飞沙走石,烟雾弥漫的可怕情景。不过,火山爆发,既有害,也有利。爆发以后,它给人们带来无数宝贵的火山资源。世界上许多火山区,如日本的富士山,美国的黄石公园,意大利的维苏威,法国的维希等,都成了著名的公园和旅游疗养胜地。中国东北的长白山、镜泊湖、五大连池火山区,具有壮丽的山峰,多姿的地貌,神秘的岩洞,幽静的湖泊,奔泻的瀑布,稀有的矿泉、温泉,珍奇的生物,少见的森林,更是发展旅游事业,建立疗养区的理想之地。

火山和地热是一对孪生兄弟。有火山活动的地方,一般都有地热的显示和出露,如各种各样的温泉、沸泉等。地热是一种洁净的无污染的能源,全世界都正在开发之中。冰岛的地热非常丰富,有名的地热田有 4 个,其中 3 个温度分别为 280℃、220℃、260℃,目前全国人口的 70%利用地热采暖。此外,日本、意大利的地热资源丰富,也都与火山有关。火山岩中还蕴藏着许多有用的矿产,如黄金、金刚石、玛瑙、冰洲石等贵金属和宝石。南极有一座著名的活火山——埃里伯斯,它每次喷发时都要喷射出大量的黄金粉末,意大利西西里岛的埃特纳火山能喷金吐银。法国探查出这座火山每天约喷出 2000 克的金子和 9000 克银子。

晶莹璀璨的珍珠

珍珠瑰丽珍奇,晶莹璀璨,是宝石中的贵重物品,它不仅是首饰中的高级饰品,而且还是名贵的药材。

珍珠为什么会闪现出晕彩珠光,以致成语中有"珠光宝气"之说呢?原来珍珠是由一层层珍珠质叠置而成的小球,当光线射入这些薄层的珍珠质时,会发生折射、反射和干涉等现象,因而珍珠表面闪耀出美丽的"珍珠光泽",使人看了有一种闪光、放射光芒的感觉。珍珠在阳光照射下,更是强烈反光。当阳光(白光)透过珍珠时,能被折射成彩虹般的7色(红、橙、黄、绿、青、蓝、紫7种单色光),而出现美丽的光彩。

天然珍珠在生长过程中,当珍珠层内混入磷质时,这种珍珠受到光的刺激,或在紫外线长波和短波的照射下,夜晚就会放射光芒,产生亮蓝、淡黄、淡绿或粉红色的荧光。这在矿物学上被称为荧光,其发光效应就同萤火虫尾部发光的原理一样,是由于磷质引起的。

天然珍珠的颜色多种多样,含铜元素的珍珠颜色金黄,含银的珍珠呈奶油色,含钠较多的珍珠呈肉红色,含锌时则呈粉红色,质纯的珍珠为白玉色。国际市场上以粉红色的珍珠最名贵。珍珠因晶莹璀璨,光彩夺目,与宝石齐名,与黄金争辉,自古以来人们百看不厌,爱不释手。

珍珠颜色会变黄

人们历来认为珍珠可以同宝石媲美。但科学事实证明,珍珠有逊色于宝石的地方,这就是它的色泽经不起长时期的考验。珍珠经过10年左右的时间,颜色就会发黄,同时失去美丽的珍珠光泽,而变得黯淡无光。

这是因为,珍珠由90%的碳酸钙、10%的有机质和水组成,其中氨基酸是有机质中的主要成分。氨基酸是一种生命物质,如果保存时间长了,水分失去,珍珠的化学成分发生了改变。组成珍珠的矿物成分为文石,这种矿物的物理性质也不稳定,天长日久,会变成另一种矿物方解石。而文石和方解石虽然化学成分都是碳酸钙,但它们的结晶形态、光泽却大不相同,颜色也不一样,这是变色的另一个原因。

在科学技术发达的今天,人们对变色珍珠,已经可以采取一些补救的办法,恢复珍珠原来的白色,恢复它光彩的珍珠光泽。例如,用浓度为5%的稀盐酸浸泡珍珠,把表面的黄色外皮溶解掉,取出来用清水洗净、晾干,这时一颗晶莹绚丽、光彩夺目的珍珠又将呈现在眼前。不过,这种化学处理是不可多用的,因为每做一次化学处理,珍珠就要脱一层皮,体积重量将会略有减轻。经过处理的珍珠,如果保存时间长了,特别是在干燥而没有水分的条件下保存,也会变黄。

钻石是无价之宝

金刚石又名钻石、金刚钻,在许多童话中流传着金刚石的美丽故事。它的形态呈八面体,小巧玲珑。它无色透明,晶莹透彻,呈淡黄、天蓝、红色等。在阴极射线刺激下能发光。这种纯洁无瑕、色泽绚丽的晶体,自古以来都被人们视为珍宝。就是今天,在英国大不列颠博物馆里,还收藏着一枚希腊的青铜小雕像,它的眼睛是由两颗未经琢磨的金刚石制成的。

金刚石不仅是名贵的宝石,而且还在高精尖的科学仪器、人造卫星上等广泛使用。它以无坚不摧、无硬不克的特性,开辟了为工业服务的广阔天地。金刚石可以充当精密仪器的钻,在钻机上专门当"开路先锋"——钻头,去打开地层的大门。

金刚石在电子技术、激光技术、空间技术、核辐射探测器等方面的应用上,已取得显著成绩。由于金刚石的热导率很高,因此是小型化的固体微波器件、半导体激光器件、变动率晶体管、集成电路、可变电抗二极管、散热器原材料等,同时也是一种优良的红外线穿透材料,目前已在空间技术中用作人造卫星的窗口材料、高功率激光器件的红外窗口材料等。

大 理 石

大理石是一种高级建筑石材和彩石。中国云南大理点苍山因产出数量多、质地优良的大理石而著名。建筑工艺上所说的大理石,就是地质学上讲的大理岩,是一种变质岩石,它的化学成分主要是碳酸钙,有时也是碳酸钙镁,矿物成分为方解石,有时也可以是由白云石等碳酸盐矿物组成。

大理石可作建筑石材、装饰彩石,优质者可做工艺制品。中国大理石分布广泛。各地所产大理石由于花纹色彩不同,工艺上分别给以不同的名称。如云南的云石、云南灰;河北的雪花、桃红、墨玉、曲阳玉;北京的汉白玉、艾叶青、芝麻花、螺丝转;东北的东北红、东北绿;湖北的云彩、福香、粉荷、雪浪、脂香、银荷、锦涛、紫纹玉、绿野、红花玉、残枫、龟壁;山东的莱阳绿、紫豆瓣;江苏的海涛、宁红、奶色玉、高资白;贵州的曲纹玉;浙江的残雪等。有如百花园里的花朵万紫千红,五彩缤纷,无不显示出了中国丰富多彩的优良建筑和工艺石料资源。

近年来,各种优质大理石,如纯洁雪白的汉白玉,花纹犹如"崇山峻岭""险峰彩云"秀丽夺目、美如图画的云石,以及东北绿、曲纹等,已远销世界各地。

"工业之母"的硫酸

人们根据硫酸的性质及其在工业上的广泛应用,把硫酸誉为"工业之母"。可是谁又是"工业之母"的母亲呢?这个问题人们很少去理会它。

我们从地质和化工角度得知,硫酸是先从矿石中提取出来硫,然后再经过工艺流程生产出来的。这么说来,含硫量高的矿物,就是硫酸的母亲了。

目前制取硫酸的原料主要是硫黄和硫铁矿。古人虽然不懂得生产硫酸,但却十分熟悉硫黄的性质。火药是中国古代的四大发明之一,原料为一硝二硫三木炭,其中硫就是自然硫。自然硫是一种黄色、很脆,具有硫味的非金属矿物。在火山喷发地区常有硫气喷出地面,硫气经升华作用就可以形成硫黄。但是,天然硫黄的数量很少,远不能满足人类的需求。

从唐代以来,人们开始从硫铁矿中提取硫。硫铁矿包括黄铁矿、白铁矿和磁黄铁矿几种含硫量高的矿石。实验证明,1吨硫铁矿至少可以生产1吨硫酸,1吨硫酸又可以生产2吨磷酸钙,如果每千克磷酸钙可以增产1千克粮食的话,那么每吨硫铁矿就可增产2吨粮食,这是一个不小的数字啊!

含硫量很高的黄铁矿、磁黄铁矿、白铁矿,都具有很强的金属光泽,看上去很像黄金等金属矿物,其实它们只能提取硫,不能提取金属,更不含黄金。

宝石和玉石

通常人们把可以作为装饰品、工艺品和纪念品的各种特殊矿物、岩石,统称为宝石。而如果再以它们的工艺特点和经济价值的高低为主要依据,则又可以划分为宝石、玉石、彩石(雕刻石)、砚石等。

宝石一般是指硬度大,颜色鲜艳纯正,透明度高,折光率高,光泽强,符合工艺要求的非金属矿物晶体。主要用于制作各种首饰。宝石的种类很多,主要有:金刚石、刚玉、绿柱石、蛋白石、金绿宝石、石榴石、尖晶石、电气石等。其中,红宝石、祖母绿、钻石、蓝宝石、变石、猫眼石和欧泊石为国际公认的七大宝石,它们价格昂贵,有的甚至价值连城。

玉石是指硬度较小一些的,颜色艳丽,抛光后反光性强,质地细腻坚韧,符合工艺要求的非金属单矿物集合体。主要用于制作玉器,部分用作首饰。按经济价值大小和工艺性质,又可分为翠(翡翠)、玉、晶、石四小类。其中翡翠价格十分昂贵,其次是水晶类以及其他玉类。

贵重的黄金

黄金是人类最早发现和使用的贵金属,它色泽金黄耀眼,比重大,化学性质稳定,有很好的可延性和传导性,一向有"金属之王"的美称。人们不仅把它作为贵重物质和美好事物的象征,而且还把它作为一种"世界货币"使用,起着国际清算的作用。

"真金不怕火炼",形象地说明了黄金化学性质的稳定。一般金属在1000℃的高温下就会熔化,而黄金则安然无恙,色泽不变。黄金的可延性也是其他金属无法相比的。用黄金打成叶片,最薄的厚度只有万分之一毫米,如蝉翼一般,50克左右的黄金,就可以镀9平方米的面积,还可以拉成长100千米的细丝。

随着现代科学技术的发展,黄金以它优异的特性,越来越受到人们的重视。人们除了把它用于传统的装饰、制笔和镶牙业外,近年来,还用于热电偶、核反应堆、喷气发动机、火箭、电器接触部件及某些科学仪器和人造卫星的部件上。有人统计,世界电子工业每年黄金的需用量可达90~130吨。由于黄金在现代科技和国防工业等方面日益发挥着重要作用,所以世界各国都非常重视黄金的生产。目前世界黄金产量最多的国家是南非(阿扎尼亚),此外加拿大、美国、澳大利亚和加纳等国家也名列前茅。